新生物学丛书

# 可遗传人类基因组编辑

## Heritable Human Genome Editing

美国国家医学院　美国国家科学院　英国皇家学会
人类生殖系基因组编辑临床应用国际委员会　编

裴端卿　周兴茹　等　译

科 学 出 版 社

北　京

图字：01-2022-0146 号

## 内 容 简 介

自 2015 年 CRISPR/Cas9 技术问世以来，基因组编辑技术得到了迅猛发展，这使其在人类健康领域的实际应用又迈进了一大步，但随之而来的科学伦理和社会监管问题也引起了多方关注。美国科学院联合多国科学家组成了人类生殖系基因组编辑临床应用国际委员会，对可遗传人类基因组编辑技术的应用进行了研讨，并形成本书。书中主要聚焦于此类技术在避免遗传疾病传播方面的潜在应用价值，从科学进展与技术现状、潜在临床应用分类、临床转化途径，以及管理监督等几个方面进行论述，并总结出 11 条建议，用于可遗传人类基因组编辑技术进行临床转化的监督与管理。

本书可供从事基因组编辑及相关辅助生殖技术方向的科研人员参考使用，也可供政府科技管理与监督部门职能人员进行参考。



**图书在版编目（CIP）数据**

可遗传人类基因组编辑 / 美国国家医学院等编；裴端卿等译．—北京：科学出版社，2022.3

（新生物学丛书）

书名原文：Heritable Human Genome Editing

ISBN 978-7-03-071582-1

Ⅰ．①可…　Ⅱ．①美…　②裴…　Ⅲ．①人类基因－基因组－研究　Ⅳ．① Q987

中国版本图书馆 CIP 数据核字（2022）第 030793 号

责任编辑：罗　静　刘　晶 / 责任校对：郑金红
责任印制：吴兆东 / 封面设计：刘新新

科学出版社 出版
北京东黄城根北街 16 号
邮政编码：100717
http://www.sciencep.com

北京中科印刷有限公司 印刷
科学出版社发行　各地新华书店经销

*

2022 年 3 月第　一　版　开本：720×1000　1/16
2022 年 7 月第二次印刷　印张：11 1/4
字数：230 000

**定价：139.00 元**

（如有印装质量问题，我社负责调换）

## “新生物学丛书”专家委员会

## 《可遗传人类基因组编辑》
## 译校者名单

（按姓氏汉语拼音排序）

蔡泽坡　陈丽君　陈舒妍　傅　钰　郭宜平
黄　涛　黄星南　黄　依　匡俊企　刘容容
马昭懿　裴端卿　王凡文　张秉豪　章明锋
周纯华　周兴茹　左　翔

# 人类生殖系基因组编辑临床应用国际委员会

**凯•E. 戴维斯（KAY E. DAVIES）**，哲学博士，英国牛津大学遗传学教授（联合主席）

**理查德•P. 利夫顿（RICHARD P. LIFTON）**，医学博士、博士（联合主席），美国洛克菲勒大学校长

**阿久津秀典（HIDENORI AKUTSU）**，医学博士、博士，日本国家儿童健康与发展中心生殖医学系主任

**罗伯特•卡利夫（ROBERT CALIFF）**，医学博士，美国威利生命科学公司

**达纳•卡罗尔（DANA CARROLL）**，美国犹他大学医学院教授，博士生导师

**苏珊•戈洛姆博克（SUSAN GOLOMBOK）**，英国剑桥大学家庭研究教授，家庭研究中心主任

**安迪•格林菲尔德（ANDY GREENFIELD）**，博士，项目负责人，英国皇家医学院哈维尔分校

**拉赫曼•A. 贾马尔（RAHMAN A. JAMAL）**，医学博士，马来西亚国民大学儿童血液学、肿瘤学和分子生物学教授

**杰弗里•卡恩（JEFFREY KAHN）**，博士，公共卫生硕士，约翰•霍普金斯大学伯曼生物伦理学研究中心安德烈亚斯•德拉科普洛斯主任

**巴莎•玛丽亚•诺珀斯（BARTHA MARIA KNOPPERS）**，法学博士，加拿大麦吉尔大学基因组学与政策中心主任，加拿大法律与医学研究主席

**埃里克•斯蒂芬•兰德（ERIC S. LANDER）**，博士，美国医学科学院院士，麻省理工学院和哈佛大学布罗德研究所主席和创始董事

**李劲松**，博士，教授，细胞生物学国家重点实验室，上海生物化学与细胞生物学研究所，中国科学院分子细胞科学卓越研究中心，中国

**米歇尔•拉姆齐（MICHÈLE RAMSAY）**，博士，南非威特沃特斯兰德大学悉尼布伦纳分子生物科学研究所主任和研究主席

**朱莉•史蒂芬（JULIE STEFFANN）**，医学博士，巴黎内克尔儿童疾病医院分子遗传学部门主任，巴黎大学遗传学教授

**B.K. 特尔玛（B.K. THELMA）**，博士，印度德里大学遗传学系教授

**道格•特恩布尔（DOUG TURNBULL）**，医学博士，英国纽卡斯尔大学维康信托线粒体研究中心主任和神经病学教授

**王皓毅**，中国科学院干细胞与再生研究所动物研究所，干细胞与生殖生物学国家重点实验室博士，教授，中国

**安娜 • 韦德尔（ANNA WEDELL）**，医学博士，卡罗琳斯卡大学医院遗传代谢疾病中心主任，瑞典卡罗琳斯卡学院医学遗传学教授

## 研究人员

**凯瑟琳 •W• 鲍曼（KATHERINE W. BOWMAN）**，NAM / NAS 高级项目官员（委员会联合主任）

**琼尼 • 黑兹尔（JONNY HAZELL）**，英国皇家学会高级政策顾问（委员会联合主任）

**梅根 • 安吉 - 斯塔克（MEGHAN ANGE-STARK）**，NAM/NAS 项目助理（自 2020 年 1 月起）

**莎拉 • 比奇（SARAH BEACHY）**，NAM/NAS 高级项目官员

**康妮 • 伯奇（CONNIE BURDGE）**，英国皇家学会政策顾问

**黛比 • 豪斯（DEBBIE HOWES）**，皇家学会私人助理兼活动协调员

**史蒂文 • 肯德尔（STEVEN KENDALL）**，NAM/NAS 项目官员

**大卫 • 昆汀（DAVID KUNTIN）**，实习医生（2019 年 4 月至 7 月），英国皇家学会

**多米尼克 • 洛布格里奥(DOMINIC LOBUGLIO)**，NAM/NAS 高级项目助理(2019 年 11 月起）

**罗布 • 昆兰（ROB QUINLAN）**，实习医生（2019 年 7 月至 9 月），英国皇家学会

**弗兰纳里 • 沃森（FLANNERY WASSON）**，NAM/NAS 高级项目助理（至 2019 年 11 月）

**伊莎贝尔 • 威尔金森（ISABEL WILKINSON）**，实习医生（2019 年 9 月至 12 月），英国皇家学会

**艾玛 • 伍兹（EMMA WOODS）**，英国皇家学会政策负责人

## 顾问

**史蒂夫 • 奥尔森（STEVE OLSON）**，作家

# 国际监督委员会

**维克多 • 祖（VICTOR DZAU）**，医学博士（联合主席），国家医学院院长

**约翰 • 斯凯尔（JOHN SKEHEL）**，博士（联合主席），英国皇家学会前副主席兼生物学秘书

**阿诺德 • 贝尔纳特（ARNAUD BERNAERT）**，工商管理硕士，世界经济论坛健康与医疗未来塑造负责人

**卡洛斯 • 亨利克 • 布里托 • 德克鲁兹（CARLOS HENRIQUE BRITO DE CRUZ）**，理学博士，圣保罗研究基金会科学主任和坎皮纳斯大学教授

**苏珊娜 • 科里（SUZANNE CORY）**，博士，教授，沃尔特和伊丽莎 • 霍尔医学研究所，曾任澳大利亚科学院院长

**费利克斯 • 达帕雷 • 达科拉（FELIX DAPARE DAKORA）**，博士，南非农业化学和植物共生研究主席，茨瓦内科技大学和非洲科学院院长

**杰里米 • 法拉（JEREMY FARRAR）**，博士，威康信托基金董事

**吉姆 • 金（JIM KIM）**，医学博士，全球基础设施合作伙伴副主席兼合伙人

**玛西娅 • 麦克纳特（MARCIA MCNUTT）**，博士，国家科学院院长

**周琪**，博士，研究员，中国科学院副院长

**文卡特拉曼 • 拉马克里希南（VENKATRAMAN RAMAKRISHNAN）**，博士，皇家学会会长

**K. 维贾伊 • 拉加万（K. VIJAY RAGHAVAN）**，博士，印度政府首席科学顾问

**珍妮特 • 罗桑（JANET ROSSANT）**，博士，盖尔德纳基金会和多伦多大学教授兼科学主任

**拉吉夫 • 沙阿（RAJIV SHAH）**，医学博士，洛克菲勒基金会主席

## IOB 职员

**安妮 - 玛丽 • 马扎（ANNE-MARIE MAZZA）**，NAM/NAS 科学、技术和法律委员会高级主任

# 特别鸣谢

首先，向我们的委员会同事、美国国家科学院和英国皇家学会的杰出工作人员、外部评审专家和监督员，以及参与项目的科学家、临床医生、遗传性疾病患者，表示万分感谢。他们的献身精神和才干，以及在本项目中慷慨的时间投入和见解，都远远超出我们的期望，所有这些都远远超出我们对他们的要求。最后，感谢本项研究的国际监督委员会，他们确保了本报告在发表之前经过严格的信息收集和外部审查。

满怀感激与钦佩。

凯 • E. 戴维斯（Kay E. Davies）, 哲学博士（联合主席）

理查德 • P. 利夫顿（Richard P. Lifton）, 医学博士（联合主席）

# “新生物学丛书”丛书序

当前，一场新的生物学革命正在展开。为此，美国国家科学院研究理事会于2009年发布了一份战略研究报告，提出一个“新生物学”（New Biology）时代即将来临。这个“新生物学”，一方面是生物学内部各种分支学科的重组与融合，另一方面是化学、物理、信息科学、材料科学等众多非生命学科与生物学的紧密交叉与整合。在这样一个全球生命科学发展变革的时代，我国的生命科学研究也正在高速发展，并进入了一个充满机遇和挑战的黄金期。在这个时期，将会产生许多具有影响力、推动力的科研成果。因此，有必要通过系统性集成和出版相关主题的国内外优秀图书，为后人留下一笔宝贵的“新生物学”时代精神财富。科学出版社联合国内一批有志于推进生命科学发展的专家与学者，联合打造了一个21世纪中国生命科学的传播平台——“新生物学丛书”。希望通过这套丛书的出版，记录生命科学的进步，传递对生物技术发展的梦想。“新生物学丛书”下设三个子系列：科学风向标，着重收集科学发展战略和态势分析报告，为科学管理者和科研人员展示科学的最新动向；科学百家园，重点收录国内外专家与学者的科研专著，为专业工作者提供新思想和新方法；科学新视窗，主要发表高级科普著作，为不同领域的研究人员和科学爱好者普及生命科学的前沿知识。如果说科学出版社是一个“支点”，这套丛书就像一根“杠杆”，那么读者就能够借助这根“杠杆”成为撬动“地球”的人。编委会相信，不同类型的读者都能够从这套丛书中得到新的知识信息，获得思考与启迪。

“新生物学丛书”专家委员会

主　任：蒲慕明

副主任：吴家睿

2012年3月

# 前　言

本委员会的任命及其研讨的启动始于中国“CRISPR 婴儿”诞生的报道。这一事件清楚地表明，对于可遗传人类基因组编辑（HHGE）相关应用的社会接受性，以及安全进行 HHGE 所需的科学证据，都缺乏国际范围的共识。

人们认识到，如果没有高效性和高特异性的证据来确保仅在基因组中引入所需的改变，则定点编辑工作会有长期风险，可能对个体造成重大伤害。此外，考虑到引入的可遗传变化会传递给后代，基因编辑技术的特定应用显然需要更加谨慎。

在本报告的编写期间受到了突发事件的干扰。随着 SARS-CoV2 冠状病毒的出现，全世界的注意力都被吸引到了 COVID-19 灾难性大流行造成的健康、经济和社会影响上，包括许多国家由此导致的社会不公。许多国家发生了激烈的抗议活动，全世界的注意力也集中到了呼吁改变种族歧视和不平等方面。这两件大事凸显出我们生活在一个互联的世界里，一个国家发生的事情会影响到所有国家，科学发生也处在社会性环境中。尽管性质非常不同，但 HHGE 的潜在应用是一个超越个别国家，值得全球广泛讨论并涉及公平的重要问题。

遗传疾病会给家庭带来沉重负担。对于许多准父母来说，选择不受遗传相关影响的孩子已经成为可能。但是对于某些人来说，由于遗传因素或生育力下降，现有的替代方案可能永远无法成功。在未来，也许 HHGE 能为此类夫妇提供生育机会。

同时，重要的是，要认识到对人类生殖系细胞蓄意修改的想法会让人联想到 19 世纪末和 20 世纪上半叶的优生运动，当时的运动宣扬种族、宗教、阶级和能力，它对整个人类群体都造成了伤害，现在已经成为不被认可的理论。如果任何国家决定允许 HHGE，那么避免偏见和歧视是至关重要的。此外，必须要有一些约束手段来阻止 HHGE 在没有医学依据也没有严格的遗传学认知的情况下使用。

从根本上讲，由于个人和社会背景以及围绕其应用的更广泛的社会和伦理问题，对诸如 HHGE 之类的遗传技术的开发也必须格外谨慎。这些技术的目标用途必须考虑世界各地不同人群的条件和需求。应以防止损害和确保利益公平的方式部署该技术。应以尊重所有人的人权和固有尊严的方式发展技术本身，并建立严格的监督模式规范其使用。

委员会将关注 HHGE 和辅助生殖技术（ART）的使用及发展，并确保其受到适当管控和监督。尤其重要的是，要避免在使用 HHGE 时不负责任的做法。本委员会在提出建议时已考虑到一个不幸的事实，即世界各地的 ART 实践常常缺乏适当的监督。

尽管其他 ART 治疗和医疗保健都提出了公平获取的问题，但这些问题在这里仍然值得关注。毫无疑问，开发和使用该技术的经济成本将是巨大的。此外，由于在大多数情况下，准父母已经有了其他可替代方法来拥有遗传相关的、且不受遗传疾病影响的后代，因此，能从中受益的准父母很少。尽管如此，HHGE 有一天也有可能变得足够安全、强大和有效，并与 ART 常规结合使用，以提供一种更好的选择，从而减轻多次重复刺激卵巢对女性的负担。公平获取是国家管辖范围内的问题，委员会认为，开发的成本和使用的范围都是必须考虑的问题。

本委员会的任务就是明确临床使用 HHGE 可靠的转化途径，是否应由国家层面来决定该技术能否允许使用。在完成本项任务时，我们充分考虑了目前对人类遗传学、基因组编辑、生殖技术以及相关的社会和伦理问题的理解。本报告由委员会成员共同审议完成。

人类生殖系基因组编辑临床应用国际委员会

# 目　录

# 信息栏目录

# 概　述

基因组编辑技术能力的快速发展，以及2018年报道的使用可遗传人类基因组编辑（heritable human genome editing，HHGE）导致基因被编辑婴儿的出生，致使全球再次呼吁考虑与该技术相关的科学、社会和管理问题。当配子（卵子或精子）或任何产生配子的细胞（包括由卵子受精产生的单细胞受精卵或早期胚胎细胞）中的基因组DNA发生变化时，可遗传性编辑变为可能。这些细胞中遗传物质的变化可以传递给后代。

尚无国家认可HHGE进入临床的适当性，且目前该技术的临床应用在许多国家被明确禁止或没有明确监管。对于已知有遗传疾病传播风险的准父母来说，此技术可能是一个重要选择，他们可以有一个与自己相关，但没有遗传疾病，且不受相关发病率和死亡率影响的孩子。然而，建立安全有效的方法是HHGE进行临床应用转化的必需步骤和基础。假设存在一种安全有效的方法，是否允许临床使用HHGE；如果允许，具体应用于什么内容，这些问题都必须由各个国家在对伦理和科学考虑进行广泛的社会辩论后再做出决定。

这一社会辩论将包括基于HHGE提出的一系列问题：在某国内，如何根据患者及其家人的意见解决尚无法满足的重要需求；伦理、道德和宗教观点；潜在的长期社会影响；成本和使用权问题。社会因素是各国和国际间对话正在进行的主题，包括世界卫生组织专家咨询委员会正在制定的人类基因组编辑管理与监督全球发展标准，该标准将研讨国家和全球范围对HHGE的管理问题。

人类生殖系基因组编辑临床应用国际委员会由美国国家医学科学院、美国国家科学院和英国皇家学会召集，成员来自10个国家，负责为更广泛的社会决策提供信息所需的科学考量。这项任务包括考虑技术、科学、医疗和监管要求，以及与这些要求不可分割、紧密联系的社会和伦理问题，例如，结果的重大不确定性，以及对HHGE临床应用参与者的潜在利弊。

对于任何以临床前研究建立的安全有效的HHGE临床应用，本报告不对其是否应被准许使用做判断。相反，该报告试图阐述的是基因组编辑方法和相关辅助生殖技术的安全性及有效性是否已经充分开发或可以充分开发，以保证HHGE临床应用的可靠性；提出目前已经明确的、可靠的、临床转化途径的HHGE的初始潜在应用；描述该转化途径的必要要素。它还详细阐述了对HHGE进行恰当科学管理的国家和国际机制的必要性，同时认为可能还需要额外的管理机制来解决超出委员会职责范围的社会考虑。信息栏S-1提供了全套报告建议；后续文本是这些建议内容的具体描述。

## 信息栏 S-1 报告建议

**建议 1**：除非可以明确，在人类胚胎中进行有效且可靠的精准基因组改变而不会发生不良改变成为可能，否则就不应尝试使用已进行基因组编辑的人类胚胎来建立妊娠。达不到这些评判标准，就需要进一步研究和审查。

**建议 2**：在某一国家做出是否允许临床使用 HHGE 的决定之前，应进行广泛的社会对话。HHGE 的临床应用不仅会引发科学和医学方面的问题，还会引发超出委员会职责范围的社会和伦理问题。

**建议 3**：因为用途、环境和考虑因素差异很大，无法定义适用于所有 HHGE 可能用途的可靠转化途径，在考虑不同类型用途的可行性之前，还需要进一步发展基础知识。

HHGE 的临床应用应逐步进行。在任何时候，对于允许其使用都应该有明确的范围界限，基于是否已有可靠的转化途径并明确定义、评估该应用的安全性和有效性，以及国家是否已经决定允许使用。

**建议 4**：如果某一国家决定允许使用 HHGE，则应限于满足以下所有条件的情况：

1. HHGE 的使用仅限于严重的单基因疾病；委员会将严重单基因疾病定义为导致严重发病率或过早死亡的单基因疾病；
2. HHGE 的使用仅限于将已知导致严重单基因疾病的致病性遗传变异体改变为相关人群中常见的序列，且已知该序列不是致病性的；
3. 没有致病基因型的胚胎不应接受基因组编辑和转移过程，以确保由编辑过的胚胎所产生的个体不会在没有任何潜在益处的情况下暴露于 HHGE 风险；
4. 对于准父母，仅限以下情况使用 HHGE：①在没有基因组编辑的情况下，他们的胚胎都受基因突变的影响，无法产生一个没有严重单基因疾病的基因相关的后代；②其他可选方法很少，因为未受影响的胚胎的预期比例非常低（委员会将其定义为 25% 或更少），并且已经尝试了至少一个周期的植入前遗传检测且未成功。

**建议 5**：在尝试使用已进行基因组编辑的胚胎来建立妊娠之前，必须有临床前证据证明 HHGE 具备足够高的效率和精确度进行临床应用。对于 HHGE 的任何初始用途，安全性和有效性的临床前证据应基于对大量编辑过的人类胚胎的研究，并应证明该过程具有高精确度地产生和选择合适数量胚胎的能力：

- 对目标进行预期编辑，不做其他修饰；

- 编辑过程中不会由脱靶引入其他变体，即新基因组变体的总数与可比较的未经编辑的胚胎中的变体的数量不应有显著差异；
- 无证据显示编辑过程中产生镶嵌现象；
- 具有适合建立妊娠的临床等级；
- 根据标准辅助生殖技术程序，非整倍体率低于要求。

**建议 6**：任何关于可遗传人类基因组编辑初始临床应用的提案都应符合建议 5 中提出的临床前证据标准。临床应用提案还应包括在移植前使用以下方法评估人类胚胎的计划：

- 胚囊阶段及之前的发育状态可与标准的体外受精发育过程相媲美；
- 胚囊阶段的活组织检查显示：
    - ✧ 所有活检细胞中均按预期编辑，并且在靶点处无意外编辑的发生；
    - ✧ 无证据表明编辑过程在目标外位点引入了其他变体。

经过严格评估后，如胚胎移植获得监管机构的批准，那么在妊娠过程中进行监测并对出生后的儿童和成人进行长期随访至关重要。

**建议 7**：应继续研究开发以干细胞培养产生功能性人类配子的方法。此类大量产生干细胞衍生配子的能力可为准父母提供另一种选择，即通过高效生产、检测及筛选不含致病基因型的胚胎来避免遗传性疾病。然而，在生殖医学中使用这种体外衍生配子的技术必定会引发医学、伦理和社会问题，必须经过仔细评估，并且这种未经基因组编辑的配子在被考虑临床应用于可遗传人类基因组编辑之前，首先需要被批准用于辅助生殖技术。

**建议 8**：任何国家，在考虑临床使用 HHGE 的情况下，都应建立相关机制和主管监管机构，以确保满足以下所有条件：

- 开展与 HHGE 相关活动的个人及其监督机构遵守既定的人权、生物伦理和全球管理原则；
- HHGE 的临床使用应采取最佳的配套技术路线，如线粒体替代技术、植入前遗传学检测和体细胞基因组编辑；
- 对科研进展和 HHGE 的安全性、有效性进行独立的国际评估，并根据评估结果做出决策，评估结果应表明该技术已经发展到可以考虑用于临床的程度；
- 由适当的机构或程序对所有使用 HHGE 的申请进行科学和伦理的前瞻性审查，并根据具体情况逐一做出决定；
- 由适当的机构发布正在接受考察的 HHGE 应用申请；
- 获批申请的细节（包括遗传条件、实验室程序、实验室或诊所，以及国家级监督机构）应向公众公开，同时保护家庭身份；

- 详细操作流程和结果应发表在同行评审的期刊上，以传播有助于该领域发展的知识；
- 独立研究员和实验室应强制执行科学行为责任准则；
- 研究人员和临床医生应发挥主导作用，组织和参加公开的国际讨论，协调和共享科学、临床、伦理的相关结果，评估社会发展对 HHGE 的安全性、有效性、长期监测和社会接受性产生的影响；
- 在提供 HHGE 临床应用之前，制定并执行 HHGE 临床应用的实践指南、标准和政策；
- 接收并核查有偏离既定准则的报告，应酌情实施制裁。

**建议 9：**在临床上使用 HHGE 之前，应建立有明确角色和职责的国际科学咨询小组（International Scientific Advisory Panel，ISAP）。ISAP 应拥有多样化、多学科的成员，并应包括能够评估基因组编辑和相关辅助生殖技术的安全性及有效性科学证据的独立专家。

ISAP 应该：

- 定期提供有关 HHGE 所依赖技术的进展和评估的最新信息，并推荐达到技术或转化里程碑所需的进一步研究方向；
- 评估在考虑将 HHGE 用于临床的任何情况下是否满足临床前要求；
- 审查所有被监管使用 HHGE 的临床结果数据，并就可能进一步应用的科学和临床风险以及潜在益处提供建议；
- 向建议 10 中所述的国际机构提供关于所有有效的转化途径的意见和建议；如国家监管机构有要求，也应提供。

**建议 10：**为了深入进行 HHGE 的应用，超出 HHGE 最初用途类别所定义的转化途径，应当由具备适当地位和不同专业知识及经验的国际机构来评估并建议任何拟议的新使用类别。这个国际机构应该：

- 明确定义每一个提案的新用途类别及其限制；
- 围绕新用途类别的相关社会问题，引导并召集持续的公开讨论。
- 针对是否可以超过原有界限，以及是否允许启用新用途类别提出建议；
- 为新用途类别提供有效的转化途径。

**建议 11：**应建立一个国际机制，通过该机制，可以关注偏离既定准则或建议标准的可遗传人类基因组编辑的研究或行为，将其传达给相关国家主管部门并公开披露。

# S.1　科学认知的现状

为了明确评估HHGE的有效转化途径需要什么，需要了解对人类生殖细胞和胚胎进行基因改变后的效果，以及执行和表征基因组编辑结果必备程序的科学认知现状。

## S.1.1　遗传改变与健康的关系

对人类基因组进行改变并对健康产生可预测影响的能力依赖于对DNA序列变异如何导致疾病发生或致病风险的知识。单基因疾病是由单个基因的一个或两个拷贝的突变引起的，包括肌营养不良、β地中海贫血、囊性纤维化和Tay-Sachs病。除了一些特别例外，单基因疾病在个体中很罕见，但数千种单基因疾病合在一起增加了人群中的发病率和死亡率。现有医学遗传学知识表明，使用HHGE提高准父母生下不会遗传某些单基因疾病，且遗传相关的孩子的可能性是可行的。

另一方面，大多数常见疾病受到很多常见基因变异的影响，每种变异对疾病风险的影响都很小。此外，罹患疾病的风险往往也受到饮食、生活方式以及难以预测的环境等外界因素影响。编辑这种多基因疾病相关的基因变体通常对疾病风险影响很低。预防这种疾病可能需要编辑数十种或更多不同的基因，其中一些可能会产生不利影响，因为有的基因可能有其他生物学作用，并与其他遗传调控网络相互作用。现有科学知识尚未到达可以有效或安全地进行多基因疾病HHGE的阶段。同样，尚无足够的知识来考虑将基因组编辑用于其他用途，包括非医学目的或增强遗传，因为某一方面的预期益处可能经常被其他疾病风险的不可预见性所抵消。此外，就后一种目的而言，它被社会接受的障碍尤其大。

## S.1.2　基因组编辑表征其作用

目前，可用于进行HHGE的主要方法是在受精卵中进行基因组编辑。受精卵是由亲代配子（卵子和精子）结合产生的单个受精细胞，是胚胎发育的最早阶段。虽然基因组编辑技术方法的发展非常迅速，而且现有科学和技术方面的挑战正在不断被克服，这些研究都非常有价值，但是在如何控制和表征人类受精卵中的基因组编辑方面，以及替代受精卵编辑的其他方法开发方面，仍然存在巨大的知识差距。需要解决的差距如下。

**对基因组编辑技术理解的局限性**　无法完全控制人类受精卵的基因组编辑结果。没有人能证明可以有效地防止：①在预定的目标位点形成非预期产物；②在脱靶部位产生无义的修饰；③镶嵌胚胎的产生，既有义或无义的修饰同时发生在胚胎细胞的一个子集内；这种镶嵌现象的影响很难预测。初次用于人类的应用，应采取适当谨慎的处理途径，其临床前证据应严格符合这些标准。

**表征人类胚胎基因组编辑效果的局限性** 需要开发并确定适合临床前验证人类编辑的标准方案：①实现所需靶标编辑的效率；②发生非预期编辑的频率；③镶嵌编辑的发生频率。

**建议 1：** 除非可以明确，在人类胚胎中进行有效且可靠的精准基因组改变而不会发生不良改变成为可能，否则就不应尝试使用已进行基因组编辑的人类胚胎来建立妊娠。达不到这些评判标准，就需要进一步研究和审查。

## S.2 可遗传人类基因组编辑的社会决策的重要性

本报告重点关注是否可以为 HHGE 的某些潜在应用定义有效的转化途径。但是，必须强调的是，存在有效的临床转化途径并不意味着就可进行 HHGE 的临床使用。在进行任何此类临床使用之前，必须有广泛的社会参与和认可，并建立国家和国际框架。本委员会强调了这些社会考虑因素的重要性，同时承认解决这些问题的适当机制超出其职责范围。

**建议 2：** 在某一国家做出是否允许临床使用 HHGE 的决定之前，应进行广泛的社会对话。HHGE 的临床应用不仅会引发科学和医学方面的问题，还会引发超出委员会职责范围的社会和伦理问题。

## S.3 可遗传人类基因组编辑的潜在用途

那些已知自己的后代有罹患单基因疾病风险的准父母已经有了多种生殖选择。其中之一是联合使用体外受精（IVF）和植入前遗传学检测（PGT），以确保检测所得适合移植的胚胎不携带疾病基因型。在极少数情况下，对于一对夫妻产生的每个胚胎都遗传致病基因型的父母来说，HHGE 可能是生下没有该疾病且遗传相关孩子的唯一选择。

在其他准父母群体中，部分胚胎可能不会携带疾病基因型，因此可以通过 PGT 使他们生育未受影响的孩子。但是，综合遗传条件与生育力降低，可能意味着 PGT 并不总是能鉴定出未受影响的胚胎以进行植入。如果可以安全、准确地进行 HHGE 且不损坏胚胎，则有利于增加可用于建立妊娠的、无疾病基因型的胚胎数量，从而减少所需的治疗周期数。目前对此尚不清楚能否实现有意义的增长，只能凭经验估计。

由于任何评估都将取决于所考虑的特定情况，因此无法对 HHGE 的所有可能应用进行一般性利弊分析。指导委员会确定有效转化途径的总体原则是将安全放在首位，任何初次应用都应在潜在危害和利益之间取得最有利的平衡。

**建议 3**：因为用途、环境和考虑因素差异很大，无法定义适用于所有 HHGE 可能用途的可靠转化途径，在考虑不同类型用途的可行性之前，还需要进一步发展基础知识。

HHGE 的临床应用应逐步进行。在任何时候，对于允许其使用都应该有明确的范围界限，基于是否已有可靠的转化途径并明确定义、评估该应用的安全性和有效性，以及国家是否已经决定允许使用。

**建议 4**：如果某一国家决定允许使用 HHGE，则应限于满足以下所有条件的情况：

1. HHGE的使用仅限于严重的单基因疾病；委员会将严重单基因疾病定义为导致严重发病率或过早死亡的单基因疾病；

2. HHGE 的使用仅限于将已知导致严重单基因疾病的致病性遗传变异体改变为相关人群中常见的序列，且已知该序列不是致病性的；

3. 没有致病基因型的胚胎不应接受基因组编辑和转移过程，以确保由编辑过的胚胎所产生的个体不会在没有任何潜在益处的情况下暴露于 HHGE 风险；

4. 对于准父母，仅限以下情况使用 HHGE：①在没有基因组编辑的情况下，他们的胚胎都受基因突变的影响，无法产生一个没有严重单基因疾病的基因相关后代；②其他可选方法很少，因为未受影响的胚胎的预期比例非常低（委员会将其定义为 25% 或更少），并且已经尝试了至少一个周期的植入前遗传检测且未成功。

本报告描述了 HHGE 的六类潜在用途，反映了上述四个标准：

（A）准父母的所有孩子都将遗传导致严重单基因疾病的基因型的情况（在本报告中定义为导致严重的发病率或过早死亡的单基因疾病）；

（B）准父母的某些（但不是全部）子女会遗传严重单基因疾病的致病基因型的情况；

（C）涉及影响较小的其他单基因疾病的情况；

（D）涉及多基因疾病的病例；

（E）涉及 HHGE 其他应用的案件，包括可能增强或引入新特征，或试图从人类群体中消除某些疾病；

（F）导致不育的单基因疾病的特殊情况。

为了满足建议 4 中的所有四个标准，根据现有信息，委员会认为仅在 A 类和极少数 B 类的情况下，有可能为初始应用定义有效的临床转化途径。为了在 B 类情况下满足标准，需要开发可靠的方法以确保没有个体是在无潜在益处的情况下，由受到基因组编辑造成潜在不利后果的胚胎产生的。此类方法的关键是在进行 HHGE 之前鉴定受精卵或胚胎是否携带致病基因型，或者从移植胚胎中排除不需要进行编辑的个体。

委员会得出结论：目前尚无法为其他情况下的 HHGE 开启临床应用定义有效的转化途径。

## S.4 可遗传人类基因组编辑的转化途径

委员会把从临床前研究到人体上的临床应用所需的步骤，称为 HHGE 的转化途径。委员会提出的开发转化途径的框架借鉴了多种技术转化经验，包括线粒体替代技术、其他辅助生殖技术（ART），以及人类体细胞编辑的既往临床经验。如果某个国家认为可以接受的话，HHGE 应遵照 ART 的应用形式，用于产生基因组改变的胚胎并将其移植至子宫，然后生出 DNA 改变的个体。

使用 HHGE 的转化途径将涉及多个阶段（图 S-1）。临床前证据需要从细胞培养的实验室研究、人类非生殖组织的编辑、动物模型的研究，以及早期人类胚胎的实验室研究中获得。这些研究应确保能够可靠地进行所需编辑，而不会对基因组进行其他改变，并且操作过程不会影响正常发育。

如果某个国家允许对 HHGE 进行临床评估，并且相关的国家监管机构批准将其使用于人类用途，则应以进行移植并建立妊娠为目的，创建经过基因组编辑的胚胎。应验证胚胎带有所需的遗传修饰，并且没有可检测到的、导致潜在伤害的其他改变。作为临床审批流程的一部分，监管机构还应评估转化途径的其他重要组成部分，如获得知情同意、进行短期和长期随访的计划。

## S.5 可遗传人类基因组编辑应用提案的科学验证和标准

HHGE 的初始应用代表了一项新的 ART 技术应用于临床干预，只有临床前数据可用来判断其有效性和安全性。建立 HHGE 技术标准的目的是为该技术提供可信度，即任何用于移植的胚胎都应确保正确编辑，并且在编辑过程中，这些胚胎不会被引入任何其他潜在有害变化。用于人类的初始应用，都应设立高标准，因为其安全性和有效性只能通过人类使用来确定。临床前和临床研究必须参照建议 8 的要求进行。

**建议 5：** 在尝试使用已进行基因组编辑的胚胎来建立妊娠之前，必须有临床前证据证明 HHGE 具备足够高的效率和精确度进行临床应用。对于 HHGE 的任何初始用途，安全性和有效性的临床前证据应基于对大量编辑过的人类胚胎的研究，并应证明该过程具有高精确度地产生和选择合适数量胚胎的能力：

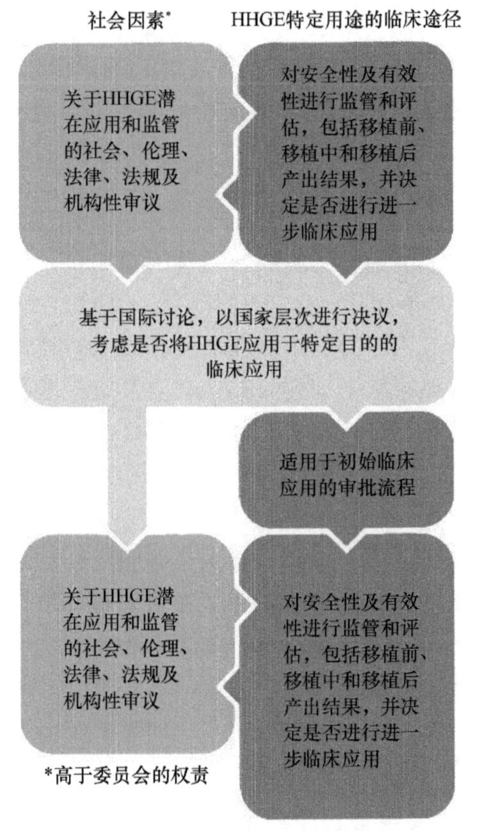


图 S-1　以使准父母获得遗传相关的后代而没有严重单基因疾病为目的的 HHGE 应用提案，其临床转化途径应包括上述主要内容。本委员会的工作侧重于右侧的临床途径要素。

- 对目标进行预期编辑，不做其他修饰；
- 编辑过程中不会由脱靶引入其他变体，即新基因组变体的总数与可比较的未经编辑的胚胎中的变体的数量不应有显著差异；
- 无证据显示编辑过程中产生镶嵌现象；
- 具有适合建立妊娠的临床等级；
- 根据标准辅助生殖技术程序，非整倍体率低于要求。

**建议 6：**任何关于可遗传人类基因组编辑初始临床应用的提案都应符合建议 5 中提出的临床前证据标准。临床应用提案还应包括在移植前使用以下方法评估人类胚胎的计划：

- 胚囊阶段及之前的发育状态可与标准的体外受精发育过程相媲美；
- 胚囊阶段的活组织检查显示：
  - ✧ 所有活检细胞中均按预期编辑，并且在靶点处无意外编辑的发生；

✧ 无证据表明编辑过程在目标外位点引入了其他变体。

经过严格评估后，如胚胎移植获得监管机构的批准，那么在妊娠过程中进行监测并对出生后的儿童和成人进行长期随访至关重要。

## S.6 未来发展影响生殖选择

在可形成卵子和精子的前体细胞中进行基因组编辑，或对多能干细胞进行编辑，然后在体外分化为功能配子（体外配子发生，IVG），是 HHGE 合子基因组编辑的潜在替代方法。以人工培养的细胞获取人类配子的技术仍在开发中，目前尚无法用于临床。提取人类精原干细胞（SSC），对其进行基因组编辑并将其重新植入睾丸，理论上也存在可能性。未来，IVG 或 SSC 再植入的临床应用都会引起科学和伦理问题，需要慎重考虑，并且此类技术应用于 HHGE 之前，还需要批准作为辅助生殖技术。

使用 IVG 进行基因组编辑可以解决在受精卵中进行基因组编辑相关的许多技术挑战。有很好的方法可以鉴定体外培养细胞的中靶编辑和脱靶编辑，正确编辑的细胞会被筛选并分化为功能配子。利用经过编辑的诱导性多能干细胞（iPSC）产生单个精子，并将其用于单个卵子的受精，将不会产生镶嵌问题。但是，iPSC 和由它们生产的配子可能会适应细胞培养并在细胞培养中扩增，这可能会引入其他类型的遗传和表观遗传变化，还需要仔细评估。

**建议 7：**应继续研究开发以干细胞培养产生功能性人类配子的方法。此类大量产生干细胞衍生配子的能力可为准父母提供另一种选择，即通过高效生产、检测及筛选不含致病基因型的胚胎来避免遗传性疾病。然而，在生殖医学中使用这种体外衍生配子的技术必定会引发医学、伦理和社会问题，必须经过仔细评估，并且这种未经基因组编辑的配子在被考虑临床应用于可遗传人类基因组编辑之前，首先需要被批准用于辅助生殖技术。

## S.7 可遗传人类基因组编辑监督系统的基本要素

从安全性和有效性的科学角度出发，对 HHGE 的任何临床应用都应循序渐进地考虑。最初的重点将放在已有确定证据的潜在用途上，遵循临床和道德规范，有可能确定可靠的转化途径。但是，要实现 HHGE 的潜在临床用途，任何可靠的转化途径需要的不仅仅是技术和临床路径。转化途径还需要有一个全面的系统来管理 HHGE 的持续开发和使用。从国家和国际方面考虑，在预想情况下进行任何临床应用之前，必须先建立这些管理程序，这一点很重要。在这方面，世界卫生组织人类基因组编辑专家咨询委员会的工作将很重要。

HHGE 的管理需要多层责任制。每个关注 HHGE 发展的国家最终都会利用其法律法规中可用的条款设立监管系统和监督机构。但是，所有正在进行 HHGE 研究的国家都应建立适当的机制来监督潜在 HHGE 临床应用方面的转化进展，防止未经批准的应用以及制裁任何不当行为。一般认为，并非所有国家都必须具备专业科学知识、监管条款和社会参与机制来满足以下要求。但是，如果某个国家不能满足下述所有条件，则该国家不应进行 HHGE 的临床使用。

**建议 8：**任何国家，在考虑临床使用 HHGE 的情况下，都应建立相关机制和主管监管机构，以确保满足以下所有条件：

- 开展与 HHGE 相关活动的个人及其监督机构遵守既定的人权、生物伦理和全球管理原则；
- HHGE 的临床使用应采取最佳的配套技术路线，如线粒体替代技术、植入前遗传学检测和体细胞基因组编辑；
- 对科研进展和 HHGE 的安全性、有效性进行独立的国际评估，并根据评估结果做出决策，评估结果应表明该技术已经发展到可以考虑用于临床的程度；
- 由适当的机构或程序对所有使用 HHGE 的申请进行科学和伦理的前瞻性审查，并根据具体情况逐一做出决定；
- 由适当的机构发布正在接受考察的 HHGE 应用申请；
- 获批申请的细节（包括遗传条件、实验室程序、实验室或诊所，以及国家级监督机构）应向公众公开，同时保护家庭身份信息；
- 详细操作流程和结果应发表在同行评审的期刊上，以传播有助于该领域发展的知识；
- 独立研究员和实验室应强制执行科学行为责任准则；
- 研究人员和临床医生应发挥主导作用，组织和参加公开的国际讨论，协调和共享科学、临床、伦理的相关结果，评估社会发展对 HHGE 的安全性、有效性、长期监测和社会接受性产生的影响；
- 在提供 HHGE 临床应用之前，制定并执行 HHGE 临床应用的实践指南、标准和政策；
- 接收并核查有偏离既定准则的报告，应酌情实施制裁。

在任何国家级调控监管机构就 HHGE 的使用做出重要的准入决定之前，应通过透明的国际研讨来宣告国家决策。科学评估 HHGE 所依赖的成套技术是否已满足明确的科学和安全性阈值，是开展国家和国际讨论的必要基础。因此，有必要定期审阅最新的科学证据，并评估其对 HHGE 可行性的潜在影响。此类科学审阅应包括以下必要功能：

- 随着对 HHGE 研究的深入，就技术或转化达到阶段性进展所需的进一步研究发展进行评估或提出建议；
- 向国家监管机构或等效机构提供信息，以告知其自身的评估和监督工作；
- 促进研究设计的协作或标准化，以提高跨研究和跨国比较及数据汇总的能力；
- 作为 HHGE 出生儿童长期随访的一部分，为具体实施提供建议；
- 审查来自规范使用 HHGE 的临床结果数据，并就可能进一步应用的潜在风险和益处提供建议。

尽管现有的国际科学审查机构可以履行其中某些职能，但委员会认为现有机制无法充分履行所有职能。因此，委员会建议建立一个新机构，称为国际科学咨询小组（ISAP）。

**建议 9：**在临床上使用 HHGE 之前，应建立有明确的角色和职责的 ISAP。ISAP 应拥有多样化、多学科的成员，并应包括能够评估基因组编辑和相关辅助生殖技术的安全性及有效性科学证据的独立专家。ISAP 应该：

- 定期提供有关 HHGE 所依赖技术的进展和评估的最新信息，并推荐达到技术或转化里程碑所需的进一步研究方向；
- 评估在考虑将 HHGE 用于临床的所有情况下是否满足临床前要求；
- 审查所有被监管使用 HHGE 的临床结果数据，并就可能进一步应用的科学和临床风险以及潜在益处提供建议；
- 向建议 10 中所述的国际机构提供关于所有有效的转化途径的意见和建议；如国家监管机构有要求，也应提供。

在突破 HHGE 任何新类别的使用门槛之前，对于国际社会来说，很重要的是，不仅要评估科学研究的进展，而且还要评估特定用途的情况可能引发的其他伦理和社会关注，以及迄今为止人类使用 HHGE 观察到的结果、成功案例或引发的影响等。新的使用类别可能与上述定义的六个类别不完全一致。新的转化途径是否可行以及它们应包含的内容，需要一个可靠的过程对设想进行评估，而这样一个评估实体不仅需要科学、医学和伦理学方面的专家，还需要来自许多其他可能受 HHGE 未来使用影响的利益相关群体的代表。

**建议 10：**为了深入进行 HHGE 的应用，超出 HHGE 最初用途类别所定义的转化途径，应当由具备适当地位和不同专业知识及经验的国际机构来评估并建议任何拟议的新使用类别。这个国际机构应该：

- 明确定义每一个提案的新用途类别及其限制；
- 围绕新用途类别的相关社会问题，引导并召集持续的公开讨论；
- 针对是否可以超过原有界限，以及是否允许启用新用途类别提出建议；

• 为新用途类别提供有效的转化途径。

最后，监督系统的另一个必要组成部分是引发 HHGE 研究或临床应用关注的机制，尤其是一种能够让科研人员或临床医生对其本国或他国的工作提出前瞻性问题的机制。

**建议 11**：应建立一个国际机制，通过该机制，可以关注偏离既定准则或建议标准的可遗传人类基因组编辑的研究或行为，将其传达给相关国家主管部门并公开披露。

# 第1章　报告简介与背景

随着基因组编辑技术的发展，这项技术具备了可以精确且有效地修改细胞内DNA的潜能，技术的进步使人们再次关注它的临床应用。这类技术用途广泛，本报告主要介绍其中一种用途：改变人类DNA，并且使这种改变可被后代继承。当配子（卵子或精子）或产生配子的任何细胞（包括由精子或早期胚胎细胞使卵子受精而形成的单细胞合子）受到基因组编辑后，引起的DNA改变就可能具有遗传性。在临床应用中，这些细胞中DNA的变化可以遗传给后代，本报告中称其为可遗传人类基因组编辑（heritable human genome editing，HHGE）（信息栏1-1）。

**信息栏1-1　本报告使用的术语**

以前许多关于基因组编辑的讨论都使用了体细胞基因组编辑和生殖细胞基因组编辑这两个术语来区分非遗传和可遗传的应用。体细胞是指除生殖细胞外的身体所有细胞，包括精子、卵子及其前体细胞。在有性生殖过程中，卵子和精子融合产生合子，受精卵是将生殖系延续到下一代的初始单细胞。尽管可遗传人类基因组编辑必然涉及对生殖细胞或其前体使用编辑试剂，但并非所有这样的编辑都以遗传为目的。例如，生殖细胞基因组编辑将包括任何涉及人类合子基因组编辑的临床前研究，但这种编辑的结果不会被遗传到下一代，因为其仅用于研究目的。为了区分以研究为目的和以临床为目的而进行的生殖细胞基因组编辑，本报告使用以下术语：①“人类胚胎基因组编辑”或类似描述，指该编辑操作是基础研究和临床前实验室研究的组成部分；②可遗传人类基因组编辑（HHGE），指的是在临床背景下对生殖细胞进行的任何编辑，其目的是将由此产生的胚胎移植到女性的子宫中进行妊娠。在设想中，可以通过针对成人体内生殖细胞或妊娠期胚胎细胞进行编辑，就会产生可遗传的改变。尽管本报告没有进一步讨论此类应用，委员会的结论和建议应被视为同样适用于任何此类体内应用。

生殖细胞基因组编辑已经在植物和非人类动物物种中使用，主要是用于研究领域。但是可遗传基因组编辑用于人类会引发许多严肃且潜在富有争议的问题。由于其影响可能不会立即显现，并且可能会影响到后代，所以评估其安全性和有效性的挑战尤其巨大。此外，与其他医疗技术一样，个人获得HHGE的能力可能不均衡，从而引发公平和社会公正问题。需要在国家范围内集思广益，来决定是否在人类DNA序列中进行遗传改变，以及相关遗传变化的本质是否应被批准。如果经过广泛的社会讨论之后，考虑批准 HHGE 的某些临床应用，那么必须要有一个有效的转化框架来评估基因组编辑的安全性和有效性，评估任何给定治疗的利弊平衡，并监督和管理其相应的开发及使用。

## 1.1　可遗传人类基因组编辑的国际讨论

对人类基因组进行可遗传改变的伦理和社会影响的讨论由来已久（Fletcher，1971；President's Commission，1982；Frankel and Chapman，2000；Stock and Campbell，2000；Evans，2002），基因组编辑技术的最新发展使这些讨论再次紧迫起来，它不再只是理论上的价值。CRISPR-Cas 系统[①]可便捷地用于编辑活体人类细胞的基因组，自从该技术公布之后，许多科学界从事该技术开发的团体、专业科学学会、科学和医学研究院、生物伦理学家和组织，以及许多其他组织纷纷展开讨论并发表声明和报告，探讨人类基因组编辑带来的影响。例如，联合国教育、科学及文化组织的国际生物伦理委员会更新发布的指南中，就反映了基因组编辑的进展（UNESCO，2015）。美国国家科学院和国家医学院、英国皇家学会和中国科学院召开了人类基因编辑国际峰会，吸引了 3500 多名现场和在线参与者（NASEM，2015）。来自 50 多个国家的超过 60 份报告，全部或部分涉及 HHGE（例如，Bosley et al.，2015；Brokowski，2018；Hinxton Group，2015；ISSCR，2015；Lanphier et al.，2015；Leopoldina，2015；ANM，2016；EGE，2016；KNAW，2016；FEAM，2017；NASEM，2017；CEST，2019）。许多团体重申，对 HHGE 的任何应用仍为时过早，不应进行，有些人呼吁明确暂停或国际上禁止此类使用；另一些人强调，除非 HHGE 安全性和有效性被更好的理解并经过广泛的公众参与和社会决策，否则不应尝试。本报告同样指出，在临床上使用 HHGE 之前，需要建立适当的国家和跨国监督与管理机构（ISSCR，2016；NCB，2016）。

2017 年，美国国家科学院、工程院和医学院发布了由一份由国际委员会撰写的报告，该报告审查了体细胞和生殖细胞基因组编辑这些技术的可能临床应用、潜在风险和益处，以及人类基因组编辑的管理（NASEM，2017）。与先前的研究一样，该报告强调，任何 HHGE 临床应用都是不成熟的，在考虑批准临床试验之前，应进行广泛的公众参与讨论。但是，报告继续强调，在对平衡风险和利益方面做了更多研究之后，确定出 10 个标准作为健全的监管框架的一部分，并对该过程进行潜在的未来临床评估之后，认为将来可能允许 HHGE 应用。同样，英国纳菲尔德生命伦理学理事会在其先前报告的 2018 年扩展版中指出，它能预想出允许可遗传基因组编辑干预措施出现的情况（NCB，2018，p.154）。但是，需要保障

[①]CRISPR 是指规律成簇间隔短回文重复序列，Cas 是指与 CRISPR 相对应的蛋白质。详见本文后附名词汇编，名词汇编包括文中此类专有名词的解释。

受此类干预影响的人们的福利，并且不得在本国造成或加剧社会分裂或弱势群体的边缘化情况。

## 1.2 关于可遗传人类基因组编辑临床应用的报道

2018 年，在中国香港举行第二届人类基因组编辑国际峰会前夕，一位在中国深圳工作的研究人员宣布，他已使用基因组编辑工具对人类早期胚胎进行了改造，随后将其移植到志愿母亲的子宫中，从而诞生出一对双胞胎女婴（NASEM，2019b）。在峰会上，该研究人员透露，已再次使用类似方法编辑的胚胎建立了妊娠。他在峰会上的演讲中，描述了其研究团队如何对小鼠和猴子的胚胎、人类胚胎干细胞以及培养的人类胚胎进行 *CCR5* 基因的删除实验，*CCR5* 是一个在细胞感染人类免疫缺陷病毒过程中发挥作用的基因（NASEM，2019b，p.2）。该研究人员和其同事称，在确定该程序是安全的情况下，在人类受精卵中使用 CRISPR-Cas9 技术，尝试编辑 *CCR5* 基因，从而使由此产生的儿童不受这种病毒的感染。香港会议上展示的数据显示，*CCR5* 靶标仅在一个胚胎中被完全修饰，但该研究人员的报告尚未经过独立和公开验证（Cohen，2019a; Cyranoski，2019）。中国政府调查之后，在 2019 年年底宣布该研究人员和他的合作者伪造伦理审查文件，误导医生在不知情的情况下将经过基因编辑的胚胎植入两名妇女，并对该研究人员及其合作者处以罚款和监禁（Normile，2019）。

整个社会对 HHGE 临床应用的消息反应迅速而有力。尽管科学界和临床医学界普遍认同现在进行 HHGE 为时过早，且不负责任，但它显然已经发生了。在其总结声明中，峰会组织委员会将这项 HHGE 临床应用的报道描述为“令人深感不安”，并批评其违反了伦理标准，并且它的临床实施过程中的技术开发、审查和执行缺乏透明度。报告还指出，如果能满足以下条件，在未来可以接受 HHGE 的临床试验：①风险能够进行评估，并得到满意的解决；②满足社会可接受性标准。它还建议“应为此类试验定义一个严格的、可靠的转化途径”（NASEM，2019b，p.7）。

网络上，有 100 多名中国科学家签署了一份声明，称这项工作“很疯狂”（Cohen，2019b）。科学家们称，在人类身上进行此类实验，于道德上和伦理上都不正当。人们再次呼吁在规定时间内暂停 HHGE 的临床使用，以便有时间制定国际指南（ASGCT，2019; Lander et al.，2019）。德国伦理理事会响应了暂停的国际呼吁，并建议建立一个国际监督机构，以制定标准来确定此类干预手段是否安全、有效及被允许（GEC，2019）。部分人认为进行 HHGE 研究有科学必要性，反对宣布暂停，担心无限期的暂停可能会阻碍科学研究，他们认为开发严格的监督体系可能更为有效（Adashi and Cohen，2019）。

## 1.3　成立国际委员会和世界卫生组织专家小组

在这些呼吁之后，两个国际委员会召开了会议，对 HHGE 有效转化途径所涉内容进一步达成共识，并在人类基因组编辑的有效协调和管理方面取得进展。

美国国家医学科学院、美国国家科学院和英国皇家学会组织成立了人类生殖系基因组编辑临床应用国际委员会（撰写本报告的委员会）。该委员会的任务是，开发一个在评估可遗传人类基因组编辑的潜在临床应用时，可供科学家、临床医生和监管当局参考的框架。如果国家批准 HHGE 的应用，那么在开发从研究到临床应用的潜在途径中，可使用该框架。委员会的目标是为国际社会就标准体系达成协议，在达到该标准体系的要求后，可应用 HHGE。

为了评估与体细胞人类基因组编辑和可遗传人类基因组编辑相关的科学、伦理、社会、法律挑战，世界卫生组织也设立了全球性的多学科专家委员会（WHO，2019b）。人类基因组编辑专家咨询委员会将就国家和全球两级的适当监督及管理机制向世界卫生组织总干事提供建议。

尽管多国科学院组织的委员会和世界卫生组织的专家咨询委员会对 HHGE 的讨论在某种程度上可能重叠，但世界卫生组织委员会的重点是管理机制，而多国科学院委员会则更关注需要解决的科学与技术问题，而这也是管理内容的一部分。世界卫生组织委员会还将考虑使用 HHGE 可能会引起的更广泛的社会和伦理问题，而多国科学院委员会的任务仅限于与研究和临床实践密不可分的问题。

本报告是在世界卫生组织委员会仍在制定其建议时发布的，旨在为该委员会的审议提供信息。它与国家和国际决策者考虑 HHGE 的法律和监管框架有关。它提供了相关技术的现状，并只解决了决策者需要考虑的部分问题。

## 1.4　线粒体置换技术：修改胚胎

在制定建议时，委员会力求吸取以往有关技术的经验。线粒体置换技术（MRT）是目前世界上唯一一种被批准的、可导致遗传改变的技术。在英国，患者的需求推动了 MRT 的临床应用，它是经过广泛的临床前研究，并由已经建立的、对辅助生殖技术进行监督的监管机构进行审议后，才准入的相关技术[①]。MRT 原理如图 1-1 所示。

① 更多信息可访问：https://www.hfea.gov.uk/treatments/embryo-testing-and-treatments-fordisease/mitochondrial-donation-treatment/.

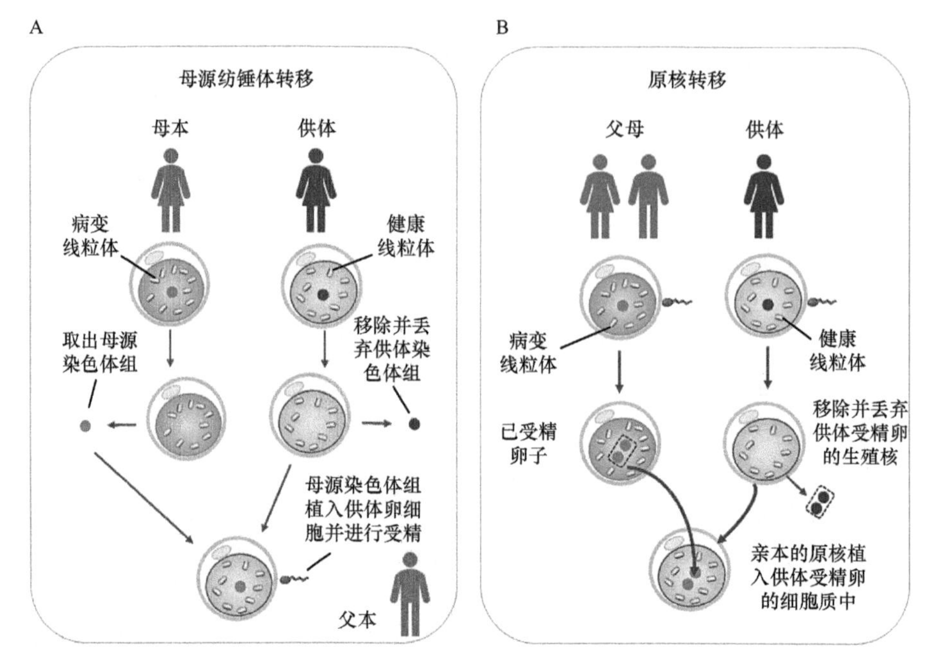


图 1-1 线粒体置换疗法包括母源纺锤体转移（A）和原核转移（B），详见 Greenfield 等（2017）。

真核细胞除了细胞核（核基因组）的染色体中含有 DNA 外，还在线粒体这个细胞器中包含数百或数千个 DNA 分子。这些 DNA 分子构成线粒体基因组。由于在胚胎发育过程中，精子线粒体被清除，人们只能从生母那里继承线粒体 DNA（mtDNA）。引起疾病的 mtDNA 突变可发生在人体细胞的全部或部分线粒体中[①]。这些突变可引起多种人类疾病，目前几乎没有治疗方法。每 5000 ～ 10 000 人中就会发生一例症状性 mtDNA 疾病。

在 MRT 方法中，有一种技术称为母源纺锤体转移技术，它从有致病性 mtDNA 的目标母体中获取卵子，然后将每个卵子的核基因组染色体移出，并移植到一位健康 mtDNA 女性捐献且核基因组染色体已移除的卵子中。受精后，形成的胚胎被移植回目标母体中。MRT 的另一种方法称为原核转移，它不是在未受精的卵子之间，而是在受精卵之间转移核基因组的染色体。在这两种方法中，使用 MRT 出生的孩子拥有来自父母的核 DNA 和来自卵子捐赠者的 mtDNA。

MRT 不直接改变 DNA 序列，而是整个染色体组从一个卵子转移到另一个卵子。相比之下，HHGE 则可以通过改变由母亲和父亲的染色体组成的一整套染色体中 60 亿个碱基对中的任何一个，来改变 DNA 序列。

① 本文中，“突变”是指能引起表型改变的 DNA 序列的变化，也称为“致病变异”。其他 DNA 序列的变化被称为“变体”，广泛存在于人群中，对疾病风险的影响很小或者没有。

在英国人类受精与胚胎学管理局的监管框架下，MRT 最早是在英国合法批准用于临床的，该机构根据一事一议的具体情况批准治疗。MRT 仅允许用于预防严重的 mtDNA 疾病，只有在指定的诊所证明其能力后，才能授予其使用许可，并且只能将其用于那些没有其他选择以拥有一个未受影响的、基因相关孩子的准父母。信息栏 1-2 总结了英国在开发 MRT 的转化途径中所涉及的步骤。尽管 MRT 和 HHGE 之间存在明显差异，但这一途径可以为类似的 HHGE 讨论提供参考。

**信息栏 1-2　英国线粒体置换疗法规范应用的转化途径**

开发使用 MRT 的转化途径涉及多年来的许多重要事件具体，包括以下内容。

- **法律和法规基础**：所有人类胚胎研究和辅助生殖技术的使用都必须遵守《人类受精与胚胎学法案》。该法案于 1990 年成为法律，并允许成立人类受精与胚胎学管理局（HFEA）作为法定监管机构。该法案及其后续修正案规定了使用辅助生殖技术进行研究或建立妊娠生产胚胎的许可制度。许可证仅颁发给用于已有一组核准目的和程序，并在负责人（PR）指导下执行程序的指定机构。未经此类许可，在法律上禁止使用人类胚胎进行研究或建立妊娠。
- **潜在可行性的初步论证**：英国首席医学官的报告《干细胞研究：医学进步与责任》（UKDH，2000）讨论了 MRT 防止 mtDNA 突变引起的疾病遗传的可能性，而 MRT 之前已经在动物模型中得到证实。2005 年，纽卡斯尔大学获得了 HFEA 的第一个许可，开展利用人类胚胎进行 MRT 的可行性研究。
- **来自患者群体的支持，他们寻求以 MRT 来预防疾病并解决未被满足的临床需求**：由于 mtDNA 疾病，这些人们无法孕育出健康的、遗传相关的孩子，患者群体很大程度上推动了 MRT 的批准。
- **公众参与和伦理对话**：2012 年英国政府要求 HFEA 委员会进行公众对话，探讨对使用 MRT 的看法。与此同时，英国纳菲尔德生命伦理学理事会对 MRT 提出的伦理问题进行了调研。基于公众对话和该理事会的报告，HFEA 建议政府，只要能在治疗环境中提供足够的安全性，并且置于监管框架内，就支持在英国批准线粒体置换疗法（HFEA，2013，p.4）。
- **立法批准**：2008 年，《人类受精与胚胎学法案》（*Human Fertilisation and Embryology Act*）进行了修订，在英国国会批准的前提下，MRT 可用于临床。2014 年，政府起草了允许临床使用 MRT 的法规。相关议案经过了立法程序，包括一段时间的公众咨询和一系列的议会辩论，并于 2015 年通过。该条例规定了可用于预防严重 mtDNA 疾病传播的具体技术，并确保 HFEA 监督这种新型辅助生殖技术。

- **独立专家审查安全性和有效性**：HFEA 委托了四个独立的专家对 MRT 的科学和技术进行审查（HFEA，2011，2013，2014，2016）。这些研究考察了用于执行 MRT 的技术，评估它们是否可有效地防止线粒体疾病的遗传，以及这一过程本身是否会导致伤害。2016 年专家评议得出结论，这些技术足够安全，可以用于有限的临床应用。
- **根据具体情况对临床使用进行监管审查和批准**：2017 年，HFEA 向纽卡斯尔生育中心（Newcastle Fertility Centre）颁发了第一份实施 MRT 的许可证。从那时起，已经批准了 20 对夫妇接受治疗，但基于保密原则，没有更多详细信息。该中心获得 HFEA 许可证的条件之一是，有临床途径确保所有妊娠都受到仔细监测，并对出生的个体进行长期跟踪。

## 1.5 可遗传人类基因组编辑的转化途径

对于 HHGE 的“转化途径”，该委员会是指为使其达到目标临床应用，从临床前研究发展到应用于人体所需的步骤。委员会了解到英国线粒体替代技术实现临床应用途径的各项因素，据此开发了 HHGE 的临床途径并在本报告中提出。该途径的核心元素如图 1-2 所描述。

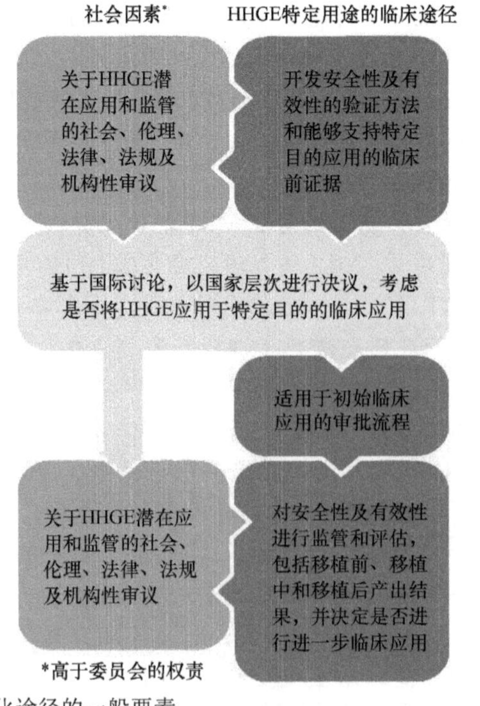


图 1-2 形成 HHGE 转化途径的一般要素。

### 1.5.1　社会因素

如 MRT 事例所呈现的，对有争议的技术推行临床转化途径，如 HHGE，需要广泛的公众讨论，讨论该技术是否被广泛接受；如果是，它将用于什么目的、如何检验与平衡、如何监督。这些注意事项显示在图 1-2 的中灰色方框中。

左上方的方框代表了在任何社会性决定是否允许 HHGE 临床应用之前，必须进行的批判性讨论。这样的讨论需要包括广泛的公众参与，讨论 HHGE 的潜在用途和影响，以及在进行任何临床使用之前需要建立的立法、监管和制度基础。

左下框反映的情况是，即便已经允许并进行 HHGE 的初始临床应用和评估，社会仍需要继续进行社会审议。在决定是否考虑进一步的临床应用时，需要考虑人类最初使用 HHGE 的结果、经验教训，以及更为广泛的科学、临床、利益相关者和公众意见。

这些讨论与临床途径组成部分（图片右侧）同样重要，但它超出了委员会的任务描述范围（信息栏 1-3）。有几个值得高度重视的问题，包括：如何有效地让包括遗传疾病和遗传缺陷人群在内的多个公众部门参与进来；如何将收到的各种反馈纳入国家决策过程。通过向委员会作报告和对委员会的问询做出答复，来自民间团体（包括遗传疾病和遗传缺陷人群）的参与者分享了他们认为需要考虑的重要因素。虽然处理这些问题不在委员会的职责范围内，但有两个话题可能会对 HHGE 问题未来的讨论提供参考。

- **在民间团体中讨论人类基因组编辑的必要性**　重要的是，不要将公众参与和民间讨论的焦点局限于科学和临床层面。讨论还应涵盖 HHGE 对不平等和社会正义的影响、对亲缘子女和父母生育选择价值观的影响、对疾病和疾病预防的社会态度、隐私问题、宗教学术和伦理。
- **让有条件考虑使用 HHGE 技术的人直接参与也很重要**　患有遗传疾病或缺陷的人必须能够有效地参与有关基因组编辑的社会讨论，并参与政策制定过程。重要的是，不能仅由科学和临床群体参与讨论，也要由那些最能受技术影响的人参与。

### 1.5.2　由国家决策考虑是否批准可遗传人类基因组编辑临床应用的提议

国家级立法者对一项新的医疗技术进行决策时，需要评估该技术的安全性和潜在的治疗效果，并考虑公众意见，如果决定采用这项技术，还应评估允许它用于什么用途。图 1-2 中的浅灰色方框显示了这些注意事项。广泛的社会讨论结论和 HHGE 技术充分的临床前开发，将共同影响 HHGE 临床应用的国家决策。如果一个国家的立法机构不允许将 HHGE 用于所提议的目的，其临床应用途径就不能超越实验室基础研究和临床前开发。目前，HHGE 在许多国家仍然是非法的，或者没有得到批准。还有一些国家没有具体规定，需要考虑制定相关的国家规定。

### 1.5.3 可遗传人类基因组编辑特定目的应用的临床途径

本委员会的任务的焦点是图 1-2 右侧深灰色框中所示的过程。任何使用 HHGE 的途径都从特定的用途提议开始。它由四个主要元素组成。图上方的深灰色方框代表临床前证据的开发，证明 HHGE 在提议用途上的可行性。这些证据可以从培养细胞的实验室研究、其他类型的非种系人类组织的基因组编辑、动物模型研究和未用于建立妊娠的人类胚胎研究中获得。对可遗传基因组编辑的研究目前处于该途径的上方深灰色方框这一阶段。

在转化途径的中间有两个关键决策点。第一，如上所述，一个国家必须允许考虑 HHGE 用于临床（浅灰色方框）。如果国家允许相关的国家级管理当局考虑某个 HHGE 用于提议目的的请求，就会达到第二个关键的决策点（第二个深灰色框）。一旦建立了临床前证据基础，并认为某一特定方法达到了安全性和有效性阈值，就可以向相关监管机构申请将该技术用于人体。任何试图进行 HHGE 初始应用的临床团队，都需要获得相关机构和（或）国家咨询机构或监管机构的科学和伦理批准后，才能进行临床研究。

第二，如上述过程已获批准，才可实施 HHGE 特定目的的临床应用（下半部分深灰色方框）。在这一阶段，胚胎的基因组经过编辑后，可以通过子宫移植来尝试建立妊娠。通过对怀孕期间的监测和对基因编辑过的个体出生后的随访，可以获得这项技术安全性和有效性的进一步证据。相关的结果信息将被整合到完整的基础证据中，并进一步讨论决定是否进行未来的临床应用。

## 1.6 研究重点和方法

信息栏 1-3 是委员会的全部任务内容。该委员会在其职权和组成上是国际性的，其成员遍及十个国家和四大洲，包括科学、医学、遗传学、心理学、伦理、法规和法律方面的专家。委员会的审议工作包括：2019 年 8 月举行的公开会议，2019 年 9 月对收集到的有针对性的问题进行公众意见征询，2019 年 10 月举行的基因组编辑技术公开网络研讨会，2019 年 11 月举行的公开研讨会。在 2020 年 1 月的第三次会议上，委员会成员们编制了本报告中所述的调查、结论和建议。委员会如何开展工作的进一步资料见附录 A，委员会成员简介见附录 B。

本报告不能作为任务清单，不包含基因组编辑从实验室研究到人类胚胎临床应用所需要进行的实验、方法或过程的细节。基因组编辑的学科发展如此迅速，每周都有新方法和新数据的报道。基因组编辑和辅助生殖技术的监管环境在全球范围内差异很大，HHGE 是否会被允许，或者它将如何被一个国家监管仍有待确定。信息栏 1-3 中有许多任务，为其建立特定的规范还为时过早。相反，报告中描述了一些关键元素，是形成 HHGE 潜在转化途径的基础所需要的，列出了进行可靠的 HHGE 需要考虑的科学和临床问题，以及建立安全性和有效性所需满足的临床前和临床需求。

**信息栏 1-3　任务声明**

目前，种系基因组编辑的临床应用已经成为可能，迫切需要检验这项新技术的潜力。其技术过程中的许多科学和医学问题仍有待解答，确定种系基因组编辑的安全性和有效性将是未来临床应用的必要条件，但不是充分条件。我们需要一个框架来知晓如何进行从研究到临床应用的潜在途径的开发，受快速发展的知识体系影响，我们认识到该框架的组成部分可能需要定期修订。此外，国际上正在进行的其他重要讨论是关于人类种系基因组编辑对社会的影响，包括诸如获取、公平和与宗教观点的一致性等问题。

世界各国科学院和医学院被召集在一起组成了一个国际委员会，共同制定一个框架，考虑种系基因组编辑所需的技术、科学、医学、监管和伦理要求，以及社会是否可以接受这类技术应用。

美国国家科学院、美国国家医学科学院和英国皇家学会将作为该委员会的秘书处。特别的，委员会将：

1. 确定对不同级别的可能应用必须进行评估的科学问题（以及与研究和临床实践不可分割地联系在一起的社会和伦理问题）。所考虑的潜在应用，应包括从严重的、高渗透的单基因疾病的遗传校正到各种形式的遗传增强。

2. 确定适当的标准方案和临床前验证，用以评估和评价中靶及脱靶事件，以及任何潜在的发育问题和长期副作用。

3. 确定适当的方案，用以评估和评价潜在的镶嵌及其长期影响。

4. 确定如何评估基因组编辑对于由其产生的孩子及后代潜在优势和缺陷之间的平衡。

5. 设计适当的方案，用以获取患者的知情同意，以及获得具备相关知识的审查委员会的伦理批准，并满足监管当局的要求。

6. 确定和评估可能的机制，对出生时受到基因编辑的儿童进行长期监测。

7. 为任务 1 ～ 6 中研究内容和临床特征的开发拟定提纲，这将构成监督体系的一部分，包括定义科学标准以建立可遗传基因组编辑可能的适用范围，监督任何人类临床使用，关注并提出对人类实验的进一步发展。

## 1.7 报告的组织形式

本章介绍了委员会对 HHGE 未来可能的临床应用的转化途径的定义，以及国家是否应该允许这样的应用。报告的后续章节将更详细地探讨这一途径的组成部分。该报告讨论了目前的科学状况，以及现有的编辑方法是否足够安全和有效，还有与各种提议的 HHGE 应用相关的情况。该报告还详细说明了需要什么样的临床前证据和临床方案，以及对 HHGE 的任何潜在临床应用需要什么样的相关监督框架。

第 2 章概述了涉及可遗传基因组编辑的科学和技术领域。各节讨论人类疾病遗传学、生殖技术（包括体外受精和植入前遗传检测）、基因组编辑技术和描述其影响的方法，以及对人类胚胎和配子进行基因组编辑的可能性。该章指出了，在考虑任何临床应用之前，所需要填补的关键知识缺口。

第 3 章根据 HHGE 不同的特点，对其用途的潜在类别进行分类。在这些类别中，评估 HHGE 的潜在用途需要考虑许多问题，文中讨论了这些需要考虑的科学和临床问题。基于目前的理解，委员会认为，如果能为某个 HHGE 的初始人类应用定义可靠的临床转化途径，那么国家就可以接受这一类潜在应用。

本报告中描述的 HHGE 初始临床应用的潜在转化途径，在第 4 章内容描述了满足该途径所需的部分要求，即临床前和临床要求。

最后，在第 5 章中，本报告对考虑启动 HHGE 临床应用的国家，就监管框架的所需条件方面提出了建议。文中强调了国际合作，以及对监管框架核心组分的意见。对于保证 HHGE 技术可靠的转化途径和避免技术滥用来说，建立监管机制和相关机构非常重要。

# 第2章　科学进展

第2章叙述的是科学和医学领域的基础，对于理解可遗传人类基因组编辑（heritable human genome editing，HHGE）的可行性至关重要。本章包含大量科学细节；任何陌生术语请参见附录C中词汇表。2.1节描述了由单个基因突变引起的疾病的遗传学知识，该类疾病被称为单基因疾病。随后，本章讨论了带有疾病基因型遗传风险的父母的潜在生殖选择，包括体外受精（*in vitro* fertilization，IVF）的使用和目前的局限性，及其与植入前遗传学检测（preimplantation genetic testing，PGT）联用以鉴定不携带该致病基因型的胚胎。

2.2节回顾基因组编辑技术和表征其结果的现有方法。它描述了迄今为止，在体细胞和早期胚胎中进行基因组编辑研究所得到的结果。与受精同时或在合子（受精产生的单个细胞）中进行基因组编辑，将是目前最有可能评估HHGE临床应用前景的方法。

2.3节讨论了另一种技术，该技术有可能为防止遗传病的传播提供另一种途径，是利用合子基因组编辑进行HHGE的替代方法——在实验室中从亲代干细胞产生精子或卵细胞的技术。目前，在考虑将该技术用于临床之前，还需要进一步的开发。即便如此，它也具有重大的科学、伦理和社会意义。与HHGE一样，决定是否将其提供给临床应用，不仅取决于技术可行性，还有许多其他影响因素。

2.4节回顾了对于HHGE的任何临床应用都至关重要的另外两个领域。准父母需要知情同意，HHGE将对这些协议提出特殊挑战。此外，对采用HHGE技术出生的个体进行长期监测也很重要，而且这种监测可能跨越几代人，从而引发更深层次的问题。

2.5节反映了除单基因疾病外，人类遗传学的复杂性，并展望了HHGE出现后的其他情况。它描述了有关多基因疾病遗传学的知识，这一类别包括许多常见疾病，其中多种遗传变异会增加总体疾病风险；还讨论了一种HHGE的特例——男性不育的遗传特征。

本章总结了在临床上应用HHGE之前需要解决的关键知识空白，并提出两项建议。

## 2.1　遗传性疾病：遗传学和生殖选择

### 2.1.1　单基因疾病的遗传学

在过去的40年中，人类遗传学经历了一场革命，该革命使人们能够系统地识别许多导致人类疾病的基因（Claussnitzer et al.，2020）。20 世纪 70 年代的重组 DNA 革命，使科学家能够克隆和分离任何物种的基因组片段，相关科学计划由此开始。这使人们意识到基因组的物理图谱和遗传图谱可以进行整合（Wensink et al.，1974），从而产生“原位克隆”的思想。在这种模式下，有多种遗传方法可以找出导致性状突变的染色体位置，从染色体中克隆出的这些 DNA 片段被认为包含特定突变，对其进行收集和分析，就可以鉴定出产生疾病或某个特征的特定基因和突变（Bender et al.，1983）。

随着 1980 年人们认识到基因组 DNA 序列中存在大量的多态性，以及种群中常见的其他序列，使人类原位克隆的发展成为可能（Botstein et al.，1980）。这些替代序列作为特定染色体片段的标记，并能够通过谱系或种群追踪其遗传。数以百万计的这些常见变异的发现，使得人类基因组的遗传图谱得以发展，从而允许对每个染色体的每个片段的遗传以及家族疾病或其他性状的遗传进行系统地比较。对于由单个基因突变引起的疾病，这个过程显示出哪个染色体区段与某个疾病或性状精确相关。图谱区间中的基因，具有疾病或性状的个体特异性，通过图谱上的位置，最终可以找到相关疾病基因。例如，1989 年发现了导致囊性纤维化的突变基因（Riordan et al.，1989）。

2001 年宣布的人类和其他基因组的完整测序组装，大大加快了这一过程（IHGSC，2001，2004），这对于人类基因开发以及鉴定致病突变有极大的促进作用。这些努力，使得人们鉴定出数千种产生疾病表型突变的人类基因。

在随后的十年中，DNA 测序技术的进步极大地提高了测序序列的产量，并将其成本降低了百万倍以上。由此技术进展，出现了发现疾病基因的强力方法，在许多患有相同临床疾病且无亲缘关系的患者中，对人类基因组中全部约 20 000 个蛋白质编码基因进行测序，可以识别出比偶然发生的突变频率更高的基因，并且还能够对患有单基因疾病的个体进行常规临床诊断。

这项工作共同促成了迄今为止 4000 多种单基因（单个基因）疾病的致病基因的发现，如杜氏肌营养不良症、β 地中海贫血、囊性纤维化、亨廷顿病和泰-萨克斯病[①]。正如本章最后一部分所讨论的，这项工作还增进了我们对心脏病和神经退行性病变的理解。

鉴定单基因疾病的基因对医学产生了深远的影响。检测基因突变的能力提升使临床诊断成为可能，例如，女性可以通过早期诊断发现是否携带 *BRCA1* 基因突变，该突变会增加罹患乳腺癌、卵巢癌和其他癌症的风险。对疾病机制的生物学理解使得某些情况下的治疗成为可能，从饮食控制（例如，苯丙酮酸尿症患者可以通过限制苯丙氨酸饮食避免严重的脑损伤），到药物（例如，在戈谢病中补充

① 详见 https://www.omim.org.

缺失的酶的能力，或减轻突变引起的囊性纤维化的影响），再到基于基因的疗法［例如，在脊髓性肌萎缩症中，向细胞传递该病症缺失基因的功能性拷贝（Hoy，2019）］。

### 2.1.1.1 人类基因组

人类会继承基因组的两个副本，一个副本来自其母亲，一个副本来自其父亲。人类基因组的每个副本都包含大约30亿个碱基对的遗传信息，它们分布在23对染色体上，其中包括22对常染色体（从父母双方继承的等效染色体）和1对性染色体（X或Y，雌性继承两个X染色体，雄性继承X和Y染色体）。除上述核基因组外，细胞中的线粒体也包含它们自己的、更小的基因组，如第1章所述。

任何两个人类基因组的样本都具有大约300万个序列差异，其中多数不会导致可观察到的（表型）效应，但它反映了人类群体中遗传变异的程度。这些差异中的绝大多数是单核苷酸变体，人群中基因组特定位置单个碱基对因人而异。其他的差异还包括：DNA（indel）短片段的插入或缺失；更长DNA片段的丢失、添加、重复或转座；最大程度的差异是染色体数目差异。

人群中的遗传变异由多种因素引起。遗传变异最初是随着DNA复制或其他自然过程中发生的基因组序列改变而出现的。每个人平均有大约70个新生（*de novo*）单核苷酸变异和6个不出现在其父母中的新生插入缺失（Sasani et al.，2019）。由于精子发生过程中细胞分裂数量高，老年男性的“新生”突变率增加，这被称为父系年龄效应（Cioppi et al.，2019）。

大多数新变异不会改变繁殖成功率，并且不可能在大量人群中持续存在。由于这个原因，人类基因组中发现的最常见变异是数千年前引入的，当时种群规模很小。其他削弱生殖成功的变异，会被阴性选择更迅速地从种群中清除。能增加繁殖成功率的变异很稀少，它会由于阳性选择而使种群中的频率随时间增加。此外，有时候一个变体存在于单个拷贝（等位基因）中时，会产生有益的影响，但同时存在于两个等位基因中时，则产生有害的作用，从而导致平衡选择，使得潜在的有害变体可以在种群中维持。经过世代相传，配子形成过程中发生的亲代染色体对之间的基因重组，改变了染色体上这些变异体之间的关联，从而在等位基因组合中产生了巨大的变异，进而在种群中产生了高表型变异。

### 2.1.1.2 单基因疾病

单基因疾病是由单个基因的一个或两个拷贝（或等位基因）突变引起的，通常是通过改变基因的蛋白质编码序列，也有少数是改变调节基因活性的DNA片段。成千上万的单基因疾病在很多方面都大不相同，包括受影响的器官系统、发病年龄和疾病的严重程度。

一些单基因疾病由显性突变引起。这类疾病发生于这样的个体：个体的相关基因（杂合子）中，携带一个引起疾病的等位基因和一个不引起疾病的等位基因。亨廷顿病就是这类疾病的例子：即一种在脑细胞中有活性的蛋白质，因为其基因缺陷产生异常蛋白质积累，逐渐对这些脑细胞造成损害，从而导致进行性神经症状和过早死亡（Walker，2007）。其他例子还有强直性肌营养不良和神经纤维瘤病。疾病的发生有几种可能：该基因的致病性拷贝产生的蛋白质太少，即使存在该基因的正常拷贝也无法发挥正常功能（单倍不足）；产生的异常蛋白干扰该基因另一个正常拷贝产生的正常蛋白（显性抑制）；导致正常蛋白活性过高（功能获得）；异常蛋白获得了正常蛋白中未发现的新功能，从而导致疾病（新效等位基因）。在某些情况下，个体可以容忍功能基因单个拷贝的丢失，但是该基因遗留的功能拷贝在个体生命过程中的某些细胞中丢失，导致疾病表现仅限于受影响的组织。某些家族性乳腺癌和结肠癌中就是这种情况。

在另一类单基因疾病中，致病突变是隐性的。这些疾病发生在一个基因的两个等位基因上都带有致病突变的个体（如果两个突变相同，则突变是纯合的；如果两个突变不同，则突变为复合杂合）。隐性突变通常会导致正常基因功能的丧失，如囊性纤维化和脊髓性肌萎缩症中发生的情况，但也有例外，例如，镰状细胞贫血，其中突变蛋白获得了正常蛋白中没有的有害功能。

还有一种单基因疾病是 X 连锁的，基因突变发生在 X 染色体上。如果男性在其单条 X 染色体上携带突变的等位基因，就会受到影响；而女性则在其两个 X 染色体上均携带致病等位基因才会受到影响。某些女性携带突变的等位基因，如果其 X 染色体发生偏向失活，而且是没有突变的 X 染色体优先失活的情况下，则可能显示疾病迹象或症状（Migeon，2020 的综述），如脆性 X 综合征、A 型血友病和杜氏肌营养不良症。

在某些情况下，复杂性可能会叠加在上面的描述之上。单基因疾病的表征可能不完全外显：实际上，遗传相同疾病基因型的人中，只有一部分患有该疾病。这些疾病也可能具有不同的表现度，并且继承相同疾病基因型的人可能具有该疾病的不同定性或定量表现。不完全外显性和可变的表现度可能是由于基因组中其他地方修饰基因的作用所致，其中一些已被发现。例如，由编码血红蛋白 β 链的基因突变引起的镰状细胞贫血，其严重程度受到影响胎儿血红蛋白编码基因成年后表达的遗传变异所限制。疾病的外显性和表现度也可能受到非遗传因素的影响。众所周知的例子就是苯丙酮尿症，其遗传性氨基酸苯丙氨酸代谢异常，会导致智力残疾和癫痫发作，但是，通过低苯丙氨酸含量的饮食可以缓解这种疾病。类似地，除非暴露于特定的传染原，如结核病或流行性感冒，否则某些免疫缺陷个体可能不会发生严重的临床后果。

单个基因也会具有不同的致病突变体，其中一些在特定人群中更为常见，而另一些对一个或少数几个家庭来说却是罕见或独特的。通常，对于一个因突变导致隐性疾病的基因，由于在基因中产生功能丧失突变的方法很多，因此会在人群中发现许多不同的致病突变：这些突变的产生可能是因为不同的蛋白质合成提前终止、基因的许多不同位点的剪接位点突变或移码突变，以及许多不同的蛋白质改变突变。这些突变的高度多样性可能会使编辑工作复杂化，因为在不同情况下，同一基因所需的编辑试剂可能会有所不同。这同样适用于由单倍剂量不足引起的显性突变。相反，由功能获得突变引起的显性遗传病，通常其致病突变的范围更有限，因为通过基因突变显著增加活性或产生编码蛋白的独特功能，在遗传上比简单地敲除基因功能的频率要低得多。

尽管如此，在特定疾病中，某些隐性突变仍可控制等位基因谱。一个例子是镰状细胞贫血，其中一个拷贝的血红蛋白 S 等位基因可以为对抗疟疾提供一些保护，而两个突变体拷贝则导致镰状细胞贫血，造成严重的发病率和过早死亡（Archer et al.，2018）。在这种疾病中，大多数受影响的西非人及其后裔在β-血红蛋白中具有相同的致病突变。另一种严重红细胞疾病——地中海贫血，由于可以预防疟疾，因此也具有相对常见的等位基因。同样，尽管 *CFTR* 基因有超过 1500 种丧失功能的不同突变，可能导致囊性纤维化隐性疾病，但欧洲血统中，该基因特定三个核苷酸的缺失约占北部和中部地区所有 *CFTR* 功能缺失者的 70%（European Working Group on Cystic Fibrosis Genetics，1990），而在非洲裔人中则是另一种突变占多数。

#### 2.1.1.3 单基因疾病的遗传模式

除了一些值得注意的例外，单基因疾病都非常罕见——出生时发生频率通常在万分之一至百万分之一[①]。但是，数千种罕见的单基因疾病共同给人类健康带来了沉重负担。根据世界卫生组织（2019b）报道，全球所有单基因疾病在出生时的患病率约为 1%，据报道，单基因疾病“约占儿童和青年人疾病总数的 0.4%”（Posey et al.，2019）。此外，如上所述，某些情况下，因为杂合状态赋予的优势，特定人群中发现单基因疾病的频率更高，个体中存在的此类突变在人群中会被大概率遗传（也被称为创始效应），这种情况在近亲族群中发生概率也很高（有关以较高频率发现某些单基因疾病的情况的进一步讨论，请参见第 3 章）。

常染色体显性遗传和常染色体隐性遗传的经典模式如图 2-1 所示。对于常染色体显性遗传疾病，如果一个亲本是致病等位基因的杂合子，则该亲本的每个后代都有 50% 的可能性遗传致病的基因型，而有 50% 的可能性不遗传引起疾病的基因型。在父母双方患有相同的常染色体显性遗传疾病的罕见情况下，每个后代都

---

① 详见 Online Mendelian Inheritance in Man (OMIM) at www.omim.org.

有 75% 的概率会遗传引起疾病的基因型（即至少一个引起疾病的等位基因）。对于常染色体隐性遗传疾病，如果父母双方都是不受影响的杂合子携带者，则每个后代都有 25% 的概率遗传致病基因型（即两个致病等位基因）。

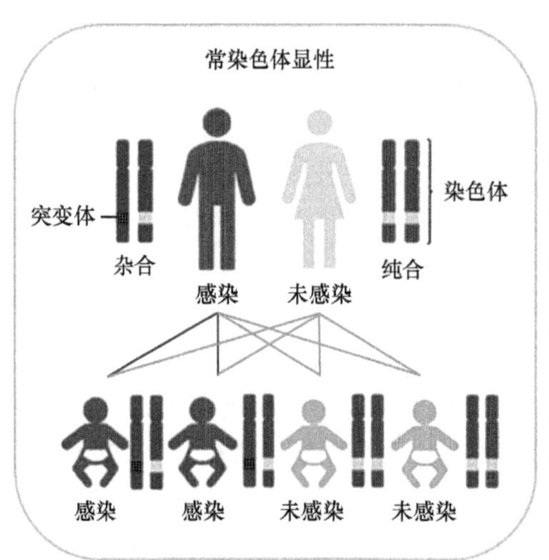

图 2-1　非性别染色体（常染色体）上编码的遗传性疾病具有显性遗传或隐性遗传的性质，这决定了是需要一个还是两个亲本基因来掩藏致病性变体才不会发生疾病。对于显性疾病，只有一个这样的变异足以使个体受到影响，而隐性疾病则要求在一对染色体的两个拷贝上都存在致病变异。

但在极少数情况下，一对夫妇的所有孩子都会遗传该疾病的基因型，如图 2-2 所示。具体情况是，一个亲本是显性疾病纯合体，或者两个亲本都是同一隐性疾病的纯合体或复合杂合体。

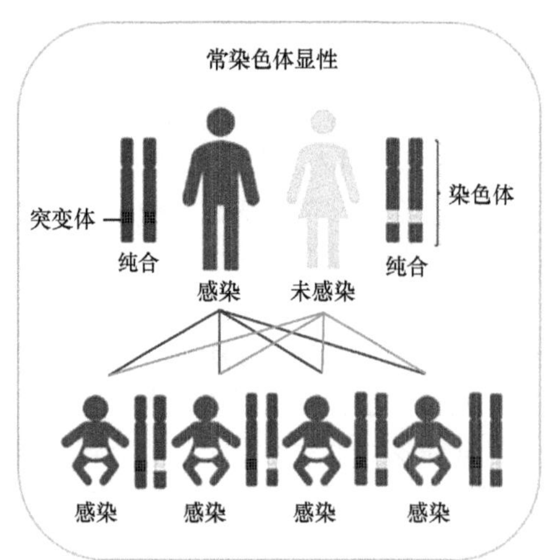


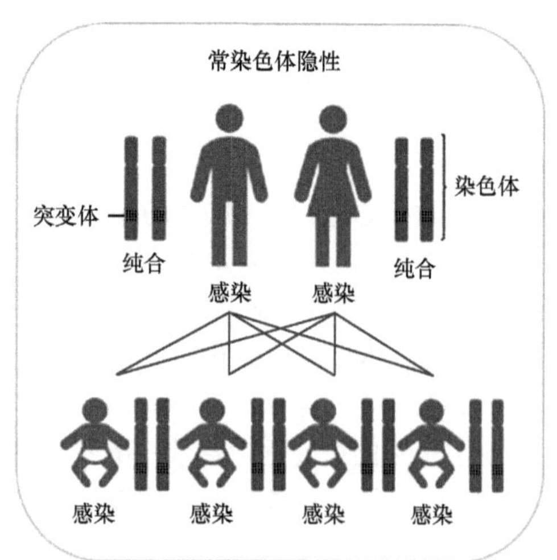


图 2-2　亲本不能产生不受遗传疾病影响的胚胎的情况包括：一个亲本是显性遗传疾病纯合体；或两个亲本都是隐性遗传疾病纯合体或复合杂合体。

本报告指出了两种情况：一种是夫妇所有的孩子都将遗传致病基因型，而另一种是会有少数孩子继承致病基因型。下一节将讨论后一种情况下，目前有多种选择可以降低后一种情况的夫妇获得致病基因型孩子的概率。

## 2.1.2 具有单基因疾病遗传风险的父母现有的生殖选择

在过去的30年中，已经开发出了多种可选方法，以使准父母知道自己生育的孩子是否有罹患严重遗传疾病的高风险，以避免这种情况发生。了解这些可选方法对于评估HHGE情况非常重要，HHGE可能有效地改进或扩充准父母已有的可选方法。下面介绍了6种现有方法，某些方法可能对某些准父母适用，而对其他准父母则不适用，且特定方法对既定准父母的可用性也可能受到成本、获取机会、国家监管政策或其他因素（如宗教、文化及个人信仰等）的限制。当然，一定比例的遗传疾病是上文所述的“新生”突变的结果，确切的比例因疾病种类而异（Acuna-Hidalgo，Veltman and Hoischen，2016）。这种突变是不可预测的，因此，由它们引起的疾病不适合通过第一代亲代使用植入前或产前基因检测或HHGE加以预防。

### 2.1.2.1 孕前基因检测

部分准父母中有一个罹患遗传病，或者他们的家族有遗传病史，或者因为他们的祖先罹患某种疾病的概率较高而接受了针对特定疾病基因的检测（例如，芬兰人或阿什肯纳兹犹太人），或者只是人口遗传筛查或检测的结果，使这些准父母了解到他们的孩子患上严重遗传病的风险较高。

其他准父母可能无法接触到家族史信息。其中很多父母是在生育了一个受影响的孩子时，才知道自己处于遗传病风险之中；数以千计的罕见隐性疾病通常是这种情况。在普遍存在致病性原发突变的人群和（或）亲缘性高的人群中，产前基因检测可以降低准父母生下罹患严重单基因疾病儿童的风险。

### 2.1.2.2 领养

领养避免了准父母将遗传疾病传递给下一代的风险，因为孩子与父母双方都不存在基因上的联系。有些想要孩子的人发现领养孩子是组建家庭积极而充实的方式，而有些人则希望有一个与他们有血缘关系的孩子。

### 2.1.2.3 配子和胚胎捐赠

另一种选择是通过捐赠卵子或精子来孕育孩子，这取决于遗传疾病是由女性还是由男性传递的。他们将经历怀孕和分娩，并且孩子将与其中一位父母有遗传关系（在卵子捐赠的情况下为父亲、在精子捐赠的情况下为母亲）。准父母也可以使用胚胎捐赠。与配子捐赠一样，他们将经历怀孕和分娩，但与领养一样，父母双方与孩子都没有遗传关系。大部分有生育问题的父母会倾向于使用自己的配子进行治疗［如胞浆内精子注射（intracytoplasmic sperm injection，ICSI）］而不是涉及捐赠配子的治疗（如供体受精），因为他们更想拥有与自己遗传相关的孩子。然而，许多无法生育的患者，开始接受配子或者胚胎捐赠等方式以获得与自己没有遗传相关的孩子。

### 2.1.2.4 出生前基因检测

一些准父母强烈希望有一个与父母双方有遗传关系的孩子，即由他们的卵子和精子产生的胚胎。在基因检测的早期阶段，可以选择进行产前筛查，以避免生下患有严重单基因疾病的孩子，这是某些人的首选方法。准父母选择以传统方式怀孕，对胎儿组织（对胎盘中的组织进行无创产前检查）进行基因检测，如果胎儿会受到严重疾病的影响，他们会选择终止妊娠。

### 2.1.2.5 植入前遗传学检测

在 20 世纪 90 年代，出现了另一种选择——体外受精（*in vitro* fertilization，IVF）与植入前遗传学检测（preimplantation genetic testing，PGT）相结合[①]。1978 年开发的 IVF 技术，使利用体外受精卵建立妊娠成为可能，该技术将得到的胚胎在体外培育几天，再移植到女性子宫中。PGT 技术包括：从早期胚胎中取出少量

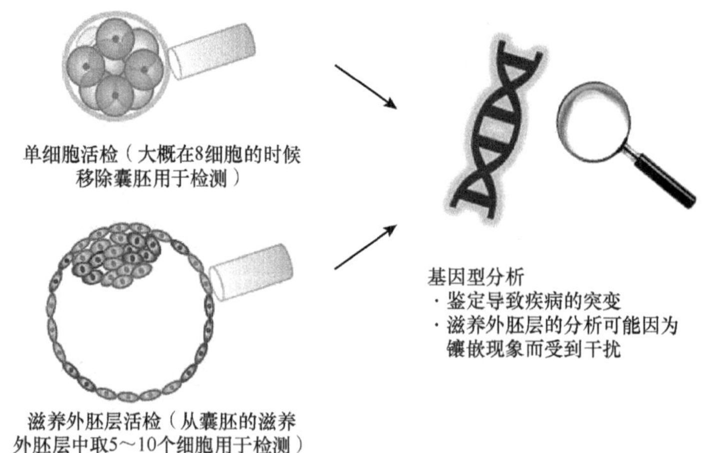


图 2-3 植入前遗传学检测可在两个不同阶段选择其一移除遗传物质：①单细胞（卵裂球）活检；②滋养外胚层活检，从发育中的胚泡阶段取出几个细胞胚胎，然后扩增遗传物质（DNA）并进行分析。

---

① 单基因疾病的植入前遗传学检测（preimplantation genetic testing for monogenic diseases）通常称为 PGT-M。还有其他类型的 PGT，但是为简单起见，在本报告中，除非另有说明，我们均使用“PGT”表示“PGT-M”。

细胞，鉴定出不携带疾病基因型的胚胎，然后将其中一个移植到子宫中（图2-3）。IVF与PGT相结合是目前许多单基因疾病的生殖选择。信息栏2-1和信息栏2-2讨论了PGT涉及的过程，包括潜在的危害和益处，以及目前可达到的结果，即新生儿不携带遗传性疾病。

**信息栏2-1 体外受精**

体外受精（*in vitro* fertilization, IVF）是为帮助有生育困难的准父母而开发的在体外使卵子受精的一种技术。体外受精是一个密集的过程，带有一定的医疗风险。在开始进行IVF治疗之前，应对患者夫妇进行全面体检。然后，女方患者再开始进行IVF周期，这需要3～6周的时间。为了促进排卵，规定可使用生育激素来刺激卵巢产生多个卵。卵巢刺激1～2周后，通常可以将其卵子取出。在此期间，应仔细监测该妇女的身体情况，以防止卵巢过度刺激综合征（ovarian hyperstimulation syndrome，OHSS）发生，同时尽可能多地抽取卵子。轻度的OHSS会引起腹部肿胀、不适和恶心，接受IVF的女性中多达33%会发生这种情况。在所有接受IVF治疗的患者中，只有略超过1%的人出现中度或重度OHSS，可能需要住院治疗呕吐和呼吸困难的症状。OHSS最严重的潜在并发症是血液凝块，可能致命。多囊卵巢综合征患者、30岁以下或以前曾患有OHSS的女性发生OHSS的风险更高（RCOG，2016）。

刺激卵巢后，通常会收获10～20个卵子并进行受精，采取与精子混合或将单个精子直接注入每个成熟卵子的方法，这一过程称为胞浆内精子注射。成功受精后，在体外监测胚胎发育2～5天。通常会制备若干个高质量胚胎用于植入，然后胚胎学家会选择质量最高的胚胎移植到女性的子宫中，一般是在第5天（囊胚期）进行移植。在某些情况下，会同时移植多个胚胎，尽管这种做法越来越受到专业机构的反对，因为这增加了生育双胞胎或三胞胎的可能性，对母亲和婴儿都构成了严重的健康风险。如果第一个周期失败或患者想要另一个孩子，患者可以选择冷冻其余可用的胚胎以供以后使用。

体外受精的成功率以每个胚胎移植后的活产率来衡量，通常在20%～30%的范围内，具体取决于产妇年龄、胚胎状态、生殖史、不育原因、生活方式因素和使用的方案（使用新鲜或冷冻的胚胎）（HFEA, 2018; De Geyter et al., 2020）。体外受精的主要风险包括：多胎分娩（与单胎妊娠相比）早产和低出生体重的风险更高；OHSS；流产；取卵过程中的并发症；异位妊娠和其他各种压力。

体外受精往往会给准父母带来巨大的身体、经济和情感负担。某些国家（如以色列、法国和荷兰）的医疗系统可能会负担体外受精的费用，而在其他国家或某些类型的夫妻（例如，生育能力受损未知的夫妻）则需要自行负担费用。

## 信息栏 2-2　植入前遗传学检测

如果准父母知晓自己有罹患特定单基因疾病的风险，可以决定结合体外受精（*in vitro* fertilization，IVF）和植入前遗传学检测（preimplantation genetic testing，PGT），以确保选择移殖的胚胎不会携带这种疾病的基因型。IVF 与 PGT 的首次成功使用在 1989 年，并于 1990 年分娩（Handyside et al.，1990）。

单基因疾病对 PGT 的需求一直在稳定增长。尽管胞浆内精子注射是最常用的受精方法，但 PGT 的起始过程与 IVF 相同。允许胚胎在培养箱中发育 3 ～ 5 天，直到达到可以取出少量样品并测试特定遗传疾病的阶段（见图 2-3）。在卵裂期的第 3 天进行活检可以使胚胎更早地进入子宫，而在囊胚期的第 5 天进行活检可以分析更多的遗传物质。根据进行活检的日期，取出 1 ～ 15 个细胞并进行基因检测。随着胚胎培养和操作技术的改进，鉴于该技术具有更多可用于测试的遗传物质的优势，在囊胚期进行活检的案例越来越多（Zanetti et al.，2019）。

尽管科学界越来越多地使用绘制整个基因组的测序方法，但由于遗传测试是为了确定是否存在从一个或两个亲本遗传的基因的已知致病变异，所以大多数 PGT 测试方法都集中在分析单个基因座上，通过聚合酶链反应序列扩增法扩增基因组或基因组的局部区域（Zanetti et al.，2019）。该测试对 90% 以上活检的胚胎中存在或不存在相关基因型给出了明确的答案。

根据测试结果，将胚胎鉴定为受影响或未受影响。选择未受影响的胚胎（如果有的话）进行移植。随着冷冻胚胎方法的改进，用 PGT 选择冷冻胚胎移植越来越多地取代了 PGT 选择新鲜胚胎移植。冷冻胚胎可以提供更多时间进行高质量的 PGT，并聚集更多的诊断病例以进行同时检查，降低了成本（Harper et al.，2018，p.8）。

如果有足够的高质量胚胎用于筛选，PGT 通常能鉴定出未受影响的胚胎。但是，当可用的高质量胚胎太少时，可能无法利用该过程识别出未受影响的胚胎，或者所有已识别的未受影响的胚胎可能都是低质量的。此外，在活检过程中可能会损坏某些胚胎，使其无法使用或减少成功怀孕的机会。

对于任何一对夫妻而言，与单独的 IVF 相比，胚胎活检和基因筛选的过程降低了 PGT 进行 IVF 成功的可能性。根据欧洲人类生殖与胚胎学学会（European Society of Human Reproduction and Embryology，ESHRE）PGT 协会的数据，PGT 治疗单基因疾病后，每个移植的胚胎的活产率为 26%。按遗传疾病的类型细分，X 连锁疾病的每个胚胎的活产率为 22%，常染色体隐性疾病为 28%，常染色体显性疾病为 26%（De Rycke et al.，2017）。ESHRE PGT 协会 2011 年和 2012 年的数据还显示，在达到诊断阶段的 PGT 治疗周期（已产生至少一个可用的胚胎）中，有80%进行了胚胎移植。从理论上讲，HHGE可能会在达到可用胚胎阶段但不能移植的那20%的PGT周期中提供一定的新选择。无法确定该比例有多大，因为数据中无法区分受遗传疾病影响而放弃的胚胎与其他原因（如活检步骤造成的损伤）而放弃的胚胎。

更详细的数据可从各个诊所获得。Steffann等在2018年的报告中指出，在巴黎Béclère-Necker医院PGT中心5年的457个治疗周期中，有72个周期未能获得胚胎移植（*n*=50对），主要是因为没有不受影响且有生命的胚胎可用于移植（52个周期，*n*=43对）或因为未受影响的胚胎停止了其发育并未能进入胚泡阶段（20个周期，*n*=18对）。这家诊所中，84%的PGT周期以子宫移植结束（略高于ESHRE数据中报道的80%），理论上PGT的11%周期可以从HHGE中受益，因为所有有生命的胚胎均受到影响。

回答上述问题的理想数据是：统计在PGT过程中，患者夫妇们未能成功生育的比例，这一数据应来自于对每对夫妇成功率的分析，而不是对每个治疗周期的分析。很难找到关于每对夫妇累计成功率的数据。2016年，根据英国一家PGT诊所统计，患有单基因疾病的夫妇的活产率为：自治疗起始统计仅为每对夫妇39%；达到移植阶段后统计为每对夫妇54%；当每对夫妇有两个或更多未受影响的可用胚胎时，活产率可达70%（Braude，2019）。收集更多关于PGT整体成功率的系统性数据，如遗传类型、年龄和周期数，是很有价值的事情。

关于IVF和PGT的许多伦理问题已经引起广泛关注，HHGE也遇到同样的问题。一些国家还允许通过PGT进行社会性别选择或"救命手足"的选择，"救命手足"是指这些兄弟姐妹在主要组织相容性基因座（histocompatibility，HLA）上与患病儿童具有遗传相容性，并可以提供器官或细胞移植。这些担忧可能会随着新测序技术的出现而变得更加复杂，这些新技术不仅能够检测感兴趣的遗传变异，还能检测与夫妇的原始需求和要求无关的基因组变异（Harper et al.，2018，p.8），这可能会导致根据遗传因素（存在或不存在特定的致病突变）选择胚胎。

### 2.1.2.6 遗传疾病的治疗

最终，出现了使患有严重遗传病的孩子得到有效治疗的新选择。我们对人类疾病遗传基础的日益了解，促使出现了可以改善甚至预防某些严重遗传疾病的疗法。根据治疗方案的有效性、可及性和可负担性，一些有遗传病风险的准父母可能会选择自己生孩子。获得治疗的遗传疾病儿童，仍然有将疾病传递给自己后代的风险。

### 2.1.3 现有生殖选择的局限性

IVF 与 PGT 结合为许多希望有一个与父母双方有遗传关系且未患严重遗传病的孩子的高危父母提供了一种选择。但是，目前有两个局限性使得 IVF 和 PGT 不能成为一个完整的解决方案。在特定情况下，一对夫妇产生的所有胚胎都将携带该疾病的基因型，并且在这种情况下，无法通过 IVF 和 PGT 周期鉴定出遗传上未受影响的可行胚胎。HHGE 可作为解决这些局限性的可能方法。如果临床上可行，HHGE 还可以减少妇女在生子之前必须经历的卵巢刺激周期的数量，这对于那些面临更高的卵巢过度刺激综合征风险的妇女以及那些接近生育年限的妇女特别有益。

#### 2.1.3.1 夫妇无法产生不受影响的胚胎

在极少数情况下，夫妇无法产生任何未受影响的胚胎。对于这些夫妇，父母亲的基因型导致了他们的胚胎 100% 携带该疾病的基因型（见图 2-2）。这样的夫妇极少见，因为在常染色体隐性遗传性疾病的情况下，两个伴侣都将受到同一基因中致病基因型的影响，并且需要达到生育年龄且健康状况与怀孕相适应。在常染色体显性遗传疾病的情况下，一个伴侣对于引起疾病的突变是纯合的，并且需要达到生育年龄，能够产生可用的配子，如果是女性，还需要能够维持妊娠。随着遗传病治疗方法的出现，在未来的几十年中，这种夫妇的数量可能会增加。对于这样的夫妇，HHGE 将是一个重要的新选择，因为这可能使他们首次有可能获得与父母双方都有遗传关系且没有致病基因的孩子。

#### 2.1.3.2 植入前遗传学检测结合体外受精不太可能获得未受影响胚胎的夫妇

对于其他有可能获得有影响的后代的夫妇，其一定比例的胚胎将在遗传上不受影响（例如，对于一个患有常染色体显性遗传疾病的父母，平均值为 50%；当父母双方均为隐性疾病突变的杂合子时，平均值为 75%）。对于这样的夫妇，PGT 为生下遗传未受影响的孩子提供了一个可行的选择。如果可以从女性伴侣那里获得足够数量的卵子，则应该有可能鉴定并植入未受影响的胚胎。但是，IVF 和 PGT 有时无法产生任何未受影响的高质量胚胎进行移植。夫妇可能会选择重复该过程，尽管有些夫妇即使经过几个周期也无法成功。信息栏 2-2 说明了 IVF+PGT 的当前效率。HHGE 可以通过对具有疾病基因型的高质量胚胎进行基因组编辑来提高 IVF 与 PGT 结合的当前效率，从而获得可用于移植的胚胎（Steffann et al., 2018）。目前尚不清楚 HHGE 是否会比现有的 IVF 结合 PGT 效率更高，这取决于它在多大程度上增加适合移植的胚胎的数量。

### 2.1.3.3 通过极体基因型分型鉴定合子的基因型

当前的基因组编辑技术涉及在单细胞阶段处理合子，这在不破坏细胞的情况下直接确定其基因型是不可能的（请参见下文“2.2.3 可遗传基因组编辑：基因组编辑在合子中的应用”中的讨论）。对于只产生携带致病基因型的受精卵的夫妇，可以对所有受精卵进行基因组编辑，而不会产生额外风险，即将未受致病基因影响的胚胎暴露于编辑机制潜在危害而没有潜在利益的风险。相反，当一对夫妇能产生受基因影响和不受影响的胚胎时，对所有合子进行编辑通常也会对未受致病基因影响的合子进行编辑。

在某些情况下，极体（polar body，PB）的基因型鉴定可以提供一种可靠的方式来区分具有和不具有致病基因型的合子（图2-4）。极体是卵母细胞通过减数分裂产生的细胞。发育中的卵母细胞到达一个阶段，在该阶段中，每个卵母细胞携带四个拷贝，而不是正常的两个。随着减数分裂的进行，该数目减少为每个细胞一条（单倍体组），并与受精时来自精子的染色体的一个副本结合。减数是通过在受精前将两条染色体在第一次减数分裂排入第一极体（PB1），待精子进入后再将一条染色体排入第二次减数分裂的第二极体（PB2）中来完成的。两个极体都可以用于分析。

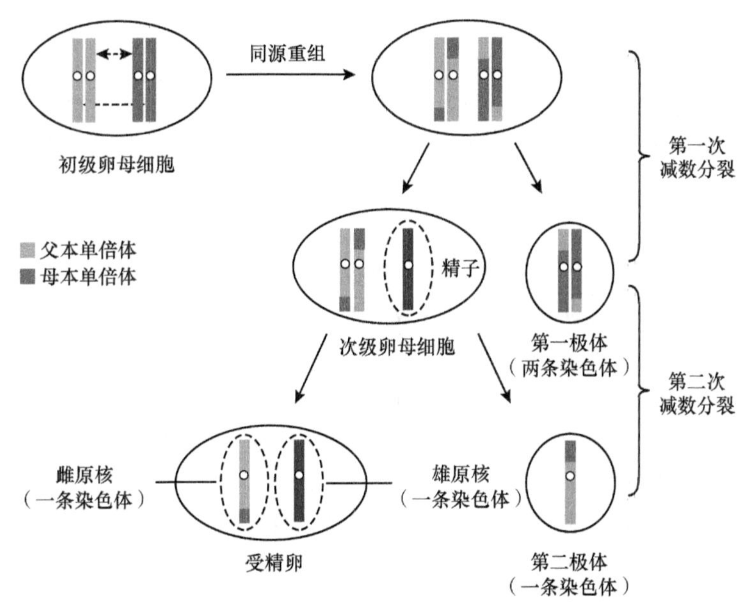


图2-4 卵母细胞减数分裂过程第一极体（PB1）和第二极体（PB2）的形成。
资料来源：经Hou等（2013）许可转载。

PB1包含从母本的母亲或父亲继承的特定染色体的两个副本，这些副本是随机选择的。PB2 包含留在合子中的每个染色体的一个副本。因此，通过消除，对两个极体中 DNA 的分析揭示了保留在合子中的等位基因。

在最简单的情况下，当一名女性为致病基因杂合时，对 PB1 的分析将显示该突变的两个拷贝是存在于 PB1 中还是保留在卵母细胞中。在显性疾病的情况下，如果卵母细胞保留了两种引起疾病的拷贝，那么任何由该卵母细胞受精而产生的胚胎肯定会遗传该疾病。

第一次减数分裂期间的基因重组使情况复杂化，在 PB1 排出之前，它可以在亲本拷贝之间交换每个染色体的一段。此时，PB1 可能显示一个致病等位基因拷贝和一个非致病等位基因拷贝。在这种情况下，对 PB2 的分析可以解决合子是否已接受致病等位基因的问题，因为剩余的致病序列必定存在于 PB2 或合子中。例外情况是发生的基因转换事件将致病等位基因的数目更改为 1 或 3 个，但是这种事件很少见。

在实际操作中，确定 PB1 是否携带两个不引起疾病的等位基因并不是一件简单的事情。PB1 基于 PCR 的基因型鉴定旨在检测等位基因的存在，但不能可靠地确定存在的拷贝数。“等位基因缺失”（等位基因检测失败）有可能导致实际上是杂合的 PB1 被误认为是纯合子。为避免此类错误，很重要的一点是，用足够数量的侧翼遗传标记对 PB1 进行基因型鉴定，以确保可以高度准确地推断出致病基因所在的基因位点。

极体活检是植入前遗传学检测中一种常见且安全的技术，用于检测母体来源的染色体非整倍性和卵母细胞易位（Schenk et al.，2018）。该技术还用于单基因疾病的植入前诊断（Griesinger et al.，2009）。但是，由于父本对发育中胚胎遗传组成的贡献无法通过 PB 分析来诊断，因此其应用仍然受到限制（Altarescu et al.，2008）。

根据 HHGE 的目的，被诊断为具有致病等位基因的次级卵母细胞（因为它们相关的第一极体已被证明是纯合的非致病等位基因）可以被冷冻起来，作为“储备”。如果通过连续的 IVF 收集的所有卵母细胞都携带至少一个未受影响的等位基因，且这些细胞已用于常规的 PGT 但并未成功，则这些细胞或许能用于 HHGE。这种方法可以增加患有常染色体或 X 连锁显性疾病的妇女生下健康孩子的机会，而不需要新的 IVF 周期。

对于常染色体隐性遗传病，可以通过同样的程序推断出母亲的杂合子为致病等位基因提供的等位基因。但只有在父亲双等位基因突变的情况下，才能推断受精卵有双等位基因突变。

## 2.2 基因组编辑：转化途径的科学背景

治疗性基因组编辑的成功既取决于对需要改变的致病DNA序列的明确识别，也取决于实现这种改变而不产生不良后果的技术方法的可靠性。在这一部分中，回顾了基因组编辑方法的现状，并强调了存在的局限性。CRISPR-Cas平台由于其在研究和临床应用中的突出地位而成为人们关注的焦点，其他平台如锌指核酸酶（ZFN）和转录激活因子样效应物核酸酶（TALEN）的平行效用也得到了承认。

### 2.2.1 基因组编辑技术

现代基因组编辑工具为遗传学革命做出了贡献，因为它们能在活细胞染色体的一个或多个位点引入特定的、所需的修饰。精准编辑活体哺乳动物细胞基因组的想法可以追溯到20世纪80年代，当时研究小鼠的遗传学家利用同源重组将DNA引入胚胎干细胞基因组的特定位置，从而创造出具有所需基因型的小鼠（Doetschman et al.，1987；Capecchi，2005）。最初的方法虽然在研究目的上是可行的，但效率非常低，而且只在目标细胞的一小部分中进行了所需的改变。提高效率的关键是能使用可编程核酸酶（一种能剪切DNA的酶）在一个独特的、选定的目标上引入针对性的双链断裂。已成功使用的可编程核酸酶包括巨型核酸酶、ZFN和TALEN（Bibikova et al.，2003；Joung and Sander，2013）。但随着二十年来的一系列发现，科学家最终认识到细菌含有被称为CRISPR-Cas的适应性免疫系统，这种免疫系统由核糖核酸（RNA）自然编程来切割特定的DNA序列，可以很容易地编辑活体人类细胞基因组（Doudna and Charpentier，2014；Hsu et al.，2014；Karvelis et al.，2017）。

由于其简单性和灵活性，CRISPR-Cas平台已经成为基因组编辑的主要工具，也是许多临床前研究和临床试验（以及在许多动植物中应用）的基础。这个平台的基本成分是Cas核酸酶（最广泛使用的是Cas9）和向导RNA（gRNA），它们相互作用形成复合物。gRNA通常由一个RNA分子（有时是两个）组成，通过将复合物定向到与其可变部分匹配的基因组DNA序列（靶标），从而具有编辑特异性。gRNA通过互补碱基配对与这个DNA靶标结合。通常gRNA中必须有大约20个碱基与目标匹配才能有效识别，由于这一长度要求，即使在像人类这样复杂的基因组中，识别也可能是非常特异的。一旦找到目标，Cas9就会切断DNA的两条链，在该位点留下双链断裂的DNA。这些断裂对细胞可能是致命的，但存在修复它们的细胞机制，这为改变靶位点的DNA序列提供了可能（图2-5）。CRISPR-Cas系统是高度灵活的，因为gRNA的可变部分可以被设计成与几乎任何所需的靶序列相匹配。虽然每个Cas蛋白的酶活性都被限制在gRNA决定的靶标旁边一个特定的短序列上，此序列称为前间隔序列邻近基序（PAM），但许多 Cas 变体，无论是天然的还是衍生的，都能识别不同的 PAM，并且可以为每个特定的靶标选择一个合适的 PAM。此外，Cas 诱导的断裂可以在离所需改变位置不同的距离处进行，并且仍然有效。因此，由于缺少合适的 PAM 而无法访问特定目标的情况非常罕见。即使在这种情况下，成熟的 ZFN 和 TALEN 技术可以补充 CRISPR-Cas 对这些位点的编辑。

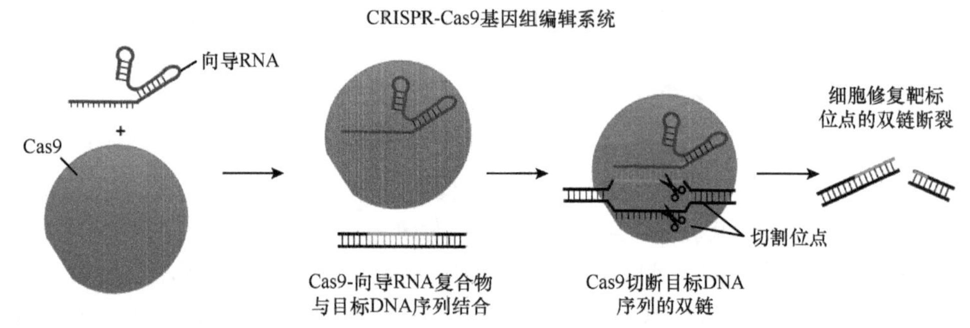


图 2-5　CRISPR-Cas9 基因组编辑系统。将 DNA 切割酶（如 Cas9）与待编辑基因序列相结合的向导 RNA 分子配对。在 Cas9 蛋白切断 DNA 双链之后，细胞通过几种不同机制中的任意一种来检测和修复双链断裂。

### 2.2.1.1　靶位点修饰

基因组编辑技术依赖于人类细胞的修复机制来实现所需的 DNA 改变。因此，基因组改变的效率和特异性不仅取决于引入细胞的基因组编辑系统的特性，还取决于细胞修复机制的特征。

发生断裂后，细胞有几种修复机制，每种机制在进行预期修改方面各有优缺点。一种称为非同源末端连接（NHEJ）的机制，简单地重新连接断裂的末端。这一过程通常会导致断裂部位 DNA 序列的增加或缺失（indel）（Rouet，Smih，and Jasin，1994）（图 2-6）。例如，如果 DNA 编码蛋白质或控制附近基因的表达，这种变化可能会扰乱该位点 DNA 的正常功能。如果单个细胞发生多个断裂，DNA 可能会发生重排，这也可能对基因功能产生影响。虽然有时可以预测 NHEJ 将产生的新序列，但目前还不可能控制该过程或产生特定的产物。因此，当编辑目的是扰乱现有的 DNA 序列时，NHEJ 是有用的，但当需要特定的编辑结果时，NHEJ 就没有用处了。

修复细胞中 DNA 断裂的另一类主要过程是同源定向修复（HDR）。在这种情况下，相关（同源）DNA 序列被用作模板，在断裂位置从该模板复制序列（图 2-6）。模板可能已经存在于细胞内（在姐妹染色单体或其他亲本等位基因上），或者它可以与编辑核酸酶一起进入细胞。从模板引入的序列改变可以精准到改变

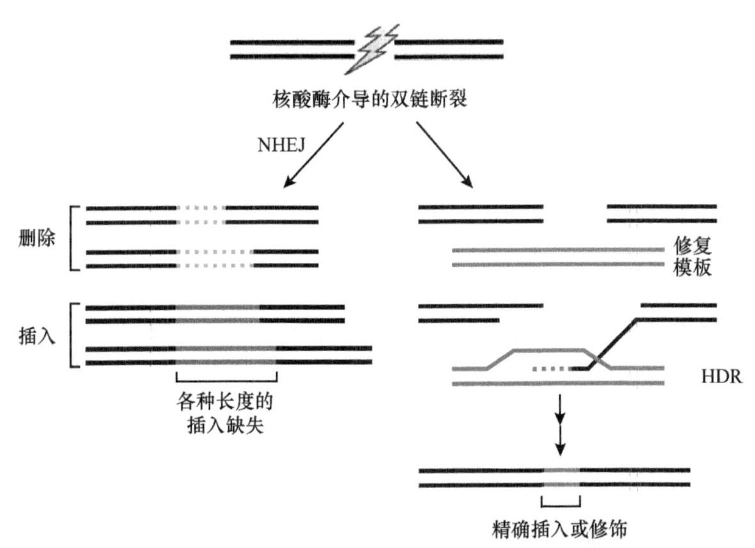


图 2-6 细胞修复靶部位双链断裂所使用的两种主要机制。最常见的是 NHEJ，它经常导致碱基插入和缺失从而扰乱基因。HDR 使用模板 DNA 序列进行更精确的基因修饰。

资料来源：Sander and Joung（2014），经 Springer Nature 许可转载。

一个或几个碱基对，也可以涉及数百或数千个碱基对的 DNA 序列插入或缺失。对于 NHEJ 和 HDR，碱基变化都是特异性的发生在编辑核酸酶造成的断裂位点。在某些情况下，全部改变（NHEJ+HDR）的总体效率可能非常高，但结果很难控制。虽然 HDR 是一种更通用、更精确的修复机制，对基因组编辑更有用，但在大多数人类细胞类型中，NHEJ 是主要的修复过程，且 HDR 仅在细胞生长和分裂周期的某些部分有效运行（Heyer，Ehmsen，and Liu，2010；Hustedt and Durocher，2017；Gu et al.，2020）。HDR 的效率在不同的细胞类型之间也有很大差异，原因还不完全清楚。尽管未分裂的细胞通常表现出很低的 HDR 水平，但不同类型的快速分裂细胞之间存在着相当大的差异性，而且相关的机制差异通常还没有被识别出来。

研究者尝试了一些方法来增强 HDR 的 DNA 模板的使用效率。这些措施包括提供不同分子形式的模板、将模板连接到 Cas9 核酸酶或 gRNA，以及操纵细胞 DNA 修复活动（Liu et al.，2019）。其中大多数情况的改善效果不显著，HDR 的效率没有接近 100%，并在一定程度上产生非预期产物。令人鼓舞的是，最近的一些文献报道了提高效率的方法，包括在小鼠胚胎中的实例（Gu et al.，2020）。细胞 DNA 修复过程需要继续深入研究，以提高基因组编辑的效率和特异性，特别是 HDR 的效率。

除了 NHEJ 产生的小插入或缺失外，在诱导的双链断裂位点还发现了更大的序列变化。其中包括广泛的删除（Kosicki et al.，2018），偶有插入预期 HDR 模板引入的 DNA 序列，以及染色体重排。这类产物不容易被常用的、基于靶向 PCR

的检测方法检测出来，因此必须设计明确的方案来确定它们是否存在。

另一种已在实验中使用的精确修饰策略是微同源介导的 DNA 插入（Sakuma et al.，2016；Paix et al.，2017）。因为这会导致序列增加而不是替换，所以在大多数情况下，它不适用于恢复只引入一个双链断裂（DSB）得到的基因组序列。为了使这种方法适用于基因替换，必须进行两次 Cas 诱导的中断，这增加了在靶标和靶外都发生非预期事件的可能性。

值得注意的是，虽然 NHEJ 可能在临床上对体细胞基因组编辑有用，但对 HHGE 不一定有用，至少在最初的使用中是如此。在体细胞基因组编辑中，如果通过引入破坏基因或调节元件的基因，实施干预而获得临床益处，所产生的 DNA 序列在人类群体中很少发现，因为这种改变仅限于该个体的组织，这是可以接受的。然而，对 HHGE 来说，在许多情况下，改变发生在每个组织和每个发育阶段，这种基因改变的后果可能是有害的，是不可接受的。这种变化还会被后代继承。因此，对于可遗传基因组编辑工具的初始应用来说，通常认为，将致病等位基因改变为已知不会致病的常见等位基因是至关重要的。这只能通过 HDR 或其他专门将一个 DNA 序列改变为特定所需序列的技术来实现。这对 HHGE 的未来使用是一个关键问题。

#### 2.2.1.2 靶点外修饰

从基因组编辑的研究开始，就有人担心在靶标序列进行所需改变的同时，可能会在基因组的其他位置引入改变。近年来，减少非预期改变频率的能力和检测发生靶点外修饰的能力都取得了进步。对于 CRISPR 平台，通过测试针对特定靶点的各种 gRNA 的效率以及修改 gRNA 和 Cas 蛋白来提高特异性（Kleinstiver et al.，2016；Slaymaker et al.，2016；Chen et al.，2017）。ZFN 和 TALEN 平台也取得了类似的进展（Doyon et al.，2011；Guilinger et al.，2014）。在某些情况下，个别高危位点的靶点外突变频率低于 0.01%。

有几种方法可用于识别由任何特定基因组编辑试剂可能存在的靶点外碱基切割风险产生的非靶基因组序列，以及检测和表征所发生的靶点外编辑（Kim et al.，2019）。使用生物信息学工具进行全基因组筛选，可以帮助识别与目标位点最相似的基因组位点，以及可能存在的不必要编辑风险。更有用的方法是识别实际切割位点。酶消化基因组测序（Digenome-seq）通过切割纯化的基因组 DNA，并通过全基因组测序定位发生切割的位点来做到这一点（Kim et al.，2015；Tsai and Joung，2016）。比较而言，GUIDE-seq 和 DISCOVER-seq 则是通过捕获活细胞中的裂解位点，并对它们进行 DNA 测序来做到这一点（Tsai and Joung，2016；Wienert et al.，2019）。一旦特定的核酸酶确定了这些非靶位点（尤其是 CRISPR 中的 Cas9-

gRNA组合），就可以通过聚合酶链式反应扩增和靶向深度测序来检测它们，以了解在任何特定情况下这些非靶位点被编辑到了什么程度。

无偏差全基因组测序（见信息栏2-3）也可以用来检测靶点外的变化，但它有一些局限性。因为所有的基因组DNA都在被读取，所以基因组中的任何单个位点都不会像定向深度测序那样被读取那么多次，低水平的突变可能不会被检测到。在所有DNA测序方法中都存在固有的错误频率，且在细胞中存在自然新生突变的背景，这种突变会随着细胞生长和分化而积累。因此很难知道哪些新序列是由于这些效应，而不是基因组编辑产生的。由于早期胚胎中单个细胞或几个细胞只有非常少量的基因组DNA可用，因此评估其基因组必须先进行扩增，然后才能利用现有技术进行全基因组测序。尽管在这方面已经取得了进展，但目前还没有一种无误差的方法可以统一地扩增所有的基因组序列（Hou et al. 2013；Chen et al.，2017）。

### 信息栏2-3　DNA测序

DNA测序是指确定一段DNA中碱基对的顺序。有三类测序程序与基因组编辑特别相关。第二代测序技术可以并行确定数十亿个单独的DNA序列，从而提供对给定样本特征的广泛和（或）深入的解读。所有的测序技术在它们的读数中都有一定程度的误差。

**Sanger测序：** 这是一种标准技术，当预计只有一个序列或其几个变体存在时，通常从聚合酶链反应的产物或分子克隆中可以测出几百个碱基对的长度。例如，它可用于读取每个亲本基因组中预期编辑目标周围的序列，以确保编辑试剂被正确设计。

**靶向深度测序：** 这项技术将被用来评估在预期靶点和疑似非靶点产生的各种编辑结果。单个片段通过聚合酶链反应扩增成几百个碱基对的片段，这些片段经过第二代测序，产生的数千到数百万的读长代表编辑过程中在单个基因组位置产生的不同产物。

**全基因组测序：** 第二代测序可以应用于整个人类基因组的60亿个碱基对的DNA，这将允许确定编辑过程是否在基因组的任何位置产生了序列变化，而不考虑先前的预测。然而这也有一些局限性。基因组中高度重复的序列很难分析，通常会在测序前就已经从样本中消耗掉，某些类型的DNA重排无法可靠地显示出来。最近引进的读取长DNA链的方法，正在改进这些问题。目前，由于可安全提取的细胞数量的限制，胚胎全基因组测序受到可用DNA数量较少的限制。

### 2.2.1.3　其他编辑方法

现已有几种基因组编辑系统，它们不依赖于在 DNA 靶点产生双链断裂。考虑到细胞对双链断裂产生的反应不可预测，许多人认为基因组编辑中应避免双链断裂产生。此外，由于这些方法不依赖 HDR，在整个细胞周期中更有效。

碱基编辑是另一种方法，它涉及对目标 DNA 碱基进行化学修饰（图 2-7）。它依赖于 Cas9-gRNA 的特异性，仅使单链断裂或根本没有断裂，并与脱氨酶相连，导致靶点的碱基对最终转换为另一个碱基对。基础编辑工具正在迅速发展。早期的实验表明，序列变化通常发生在 DNA 甚至 RNA 的非靶点位置，在某些情况下是在非靶点序列上。近期，对碱基编辑试剂的优化显著减少了这些意外影响，而没有明显影响靶向活性（Grünewald et al.，2019；Doman et al.，2020；Gaudelli et al.，2020；Richter et al.，2020；Yu et al.，2020）。除了担心潜在的脱靶事件，当前的碱基编辑工具只能进行某些类型的 DNA 序列更改，特别是转换突变（将 C 更改为 T、G 更改为 A、A 更改为 G、T 更改为 C），但不能进行颠换（将 A 更改为 C 或 T、G 更改为 C 或 T、C 更改为 A 或 G、T 更改为 A 或 G）。根据 Rees 和 Liu（2018）的报道，大约 58% 人类疾病的等位基因是单核苷酸变异，其中 62% 可以用目前的碱基编辑逆转。因此，大约 1/3（35%）的已知疾病突变可以由碱基编辑技术解决。即便如此，有研究证明，胞嘧啶脱氨酶（C-to-T）碱基编辑工具在人类胚胎中相当有效，特别是在 2-细胞阶段（Zhang et al.，2019）。

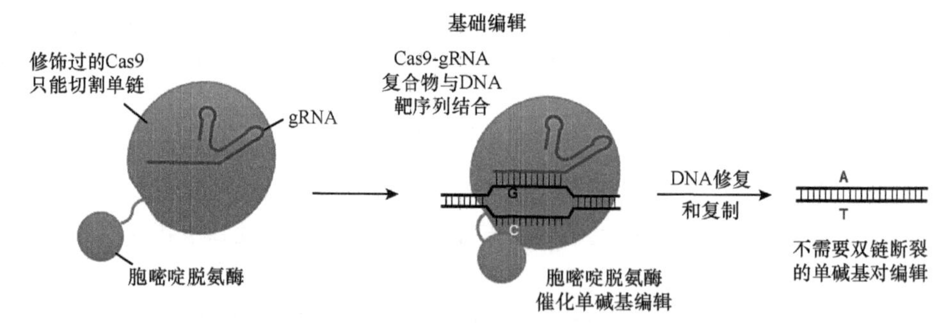


图 2-7　胞嘧啶碱基编辑工具由与 Cas9 切割酶融合的碱基修饰催化亚基和一个 gRNA 组成。结合靶 DNA 序列时，螺旋被解开，单个 C 碱基被转化为 U 碱基。未编辑的链被修饰的 Cas9 切割，触发细胞修复 G-U 与 A-U 的错配，A-U 在 DNA 复制后变成 A-T。腺嘌呤碱基编辑工具通过类似的机制将目标 A-T 对转换为 G-C。

资料来源：Rees and Liu（2018），经 Springer Nature 许可改编。

最近，有报道称，新的碱基编辑可以诱导 C-to-A 和 C-to-G 颠换（Zhao et al.，2020；Kurt et al.，2019）。目前，这些试剂还会在靶点上生成其他产物，但迟早会有所改进[1]。

基因组编辑另一项最新创新为引导编辑（Anzalone et al.，2019）。该系统涉及gRNA的修饰，它将Cas9导向其靶序列，使RNA也包含修复模板。被修饰的Cas9蛋白，仅切割靶DNA的一条链，在这种情况下，这条链不与gRNA结合。Cas9还能与一种逆转录酶相连，该酶可以利用被修饰gRNA上的扩增将新序列复制到带有缺口的链上。提供模板意味着与碱基编辑相比，范围更广的致病突变都能被修复，包括转换、颠换、小的插入和缺失。引导编辑的经验正在迅速丰富（Sürün et al.，2020），至少有一项研究报道了在小鼠合子中引导编辑的成功，尽管效率相当低（Liu et al.，2020）。

虽然还需要更多的研究，但碱基编辑和引导编辑都已证明CRISPR-Cas工具包的灵活性，以及精准基因组编辑方法不断发展的步伐。持续的研究可能会产生新的方法，迅速取代当前编辑方法的安全性和有效性。

### 2.2.2 非遗传性基因组编辑：基因组编辑在体细胞中的应用

HHGE治疗遗传病的一个潜在替代方案是体细胞基因组编辑。这一部分讨论了与HHGE相比，体细胞编辑的一些相对优势和劣势。

人类基因组编辑最初的应用是在体细胞中进行的，体细胞是除精子、卵子及其前体细胞外，构成人体的所有细胞。在体细胞中进行基因组编辑的影响通常仅限于接受治疗的个体，不会遗传给该个体的后代（本章后面将讨论个体生殖系统中体细胞编辑的特殊情况，例如，在睾丸中进行编辑以治疗不育症）。尽管HHGE的任何临床使用都会产生一定的成本，且可遗传基因组编辑会带来一些复杂的社会、伦理和科学问题，但下文讨论的是与体细胞编辑相关的潜在限制，对那些希望生出未携带致病基因型且遗传相关的孩子的父母而言，这是HHGE被提议为理论替代方案的一个原因。

体细胞基因组编辑是治疗单基因疾病患者的一种选择，但它仍处于临床应用的早期阶段，还需要更多的经验来评估其安全性和有效性。2009年启动了第一项临床试验，测试使用ZFN预防已感染HIV患者获得性免疫缺陷综合征（AIDS）病情发展情况的安全性（Tebas et al.，2014）；目前ZFN、TALEN和CRISPR系统的多项试验都在进行中[2]。在多家公司大量资金的支持下，体细胞基因组编辑

[1] 还有人提出，基因组编辑可以替代MRT，防止mtDNA疾病的传播（Cell 2015；161：459-469）。这项研究使用了线粒体靶向限制性内切核酸酶或TALENS，并表明它们可以用来潜在地减少负载突变。然而，这种方法会导致mtDNA净耗尽，因此不适合于异质或同质mtDNA突变水平很高的卵母细胞。最近的一篇论文报道了mtDNA碱基编辑的使用（Mok et al.，2020），这可能代表了一种解决线粒体疾病的新方法。mtDNA编辑的详细分析需要结合线粒体疾病的现有治疗方法和MRT等选择进行单独研究。

[2] 参见clinicaltrials.gov。

在未来十年可能出现大量人体试验。

体细胞编辑最简单的目标是可以从患者身上取出细胞，在体外治疗，然后放回体内（体外基因组编辑）（Li et al.，2020）。目前，通过这种方式解决的疾病主要是由造血干细胞突变引起的病变。例如，关于镰状细胞贫血和β-地中海贫血患者用 CRISPR-Cas 试剂诱导胎儿血红蛋白表达的研究已经有了令人振奋的结果[①]，但还需要长期的随访才能对其成功和局限下结论。利用基因组编辑增强 CAR T 细胞活性，用于癌症免疫治疗的试验也在进行中（Bailey and Maus，2019；Stadtmauer et al.，2020）。

许多其他设想的体细胞疗法，需要将基因组编辑试剂直接输送到患者的细胞和组织（体内基因组编辑）。当一种疾病影响到多个器官时，传递的难度就会加大。极少数情况下能直接接触到目标组织，一个很好的例子是眼睛，可以直接注射携带 CRISPR-Cas 试剂的病毒载体，已被应用于一种罕见的视网膜失明疾病中（NCT03872479）。肝脏的接触也相对容易，ZFN 被用于增强针对血友病和代谢性疾病试验的基因加成疗法[②]。

上述许多病例的一个特征是它们依赖于 NHEJ 破坏基因组序列。如上所述，在引入双链断裂后，这一途径在大多数细胞中比同源定向修复（HDR）更活跃。依赖 HDR 的治疗正在发展中，但获得有效治疗的相关效率仍具有挑战性。在多数遗传条件下，通过碱基编辑可以创造一个非致病等位基因，这样的方法正在积极地推行。

虽然体细胞基因组编辑避免了一些 HHGE 造成的具有挑战性的问题——因为目前患者一般都会同意接受细胞编辑治疗，而且由此产生的基因变化不会遗传给后代，但体细胞编辑也有一些缺点。首先，体细胞基因组编辑不会改变生殖系，接受遗传病体细胞治疗的患者仍然可以将致病突变传给后代。其次，由于可能只编辑一小部分目标细胞，因此需要去除带有致病基因型的细胞或对编辑的细胞进行阳性选择，以增加已编辑干细胞的比例。例如，造血干细胞（HSC）的体细胞编辑方案通常包括细胞毒性化疗，在融合编辑细胞之前去除原生 HSC。这些治疗方法会带来有害风险。体细胞基因组编辑疗法也非常昂贵，尽管成本未知且会有所不同（Rockoff，2019）。

### 2.2.3 可遗传基因组编辑：基因组编辑在合子中的应用

目前，可用于进行 HHGE 的主要方法是在合子中进行基因组编辑。由于引入的编辑将存在于人体的每个细胞中，由此产生的基因修饰可能会传递给后代，因

---

① 参见临床试验编号 NCT03745287 和 NCT03655678。

② 参见临床试验编号 NCT02695160、NCT03041324 和 NCT02702115。

此靶点获得所需遗传修饰并确保基因组其他位置不存在编辑诱变至关重要。表征合子和早期胚胎中的编辑事件面临着特殊挑战，如何精确控制这些细胞中的基因组编辑[①]也存在着重要的知识空白。

合子——由双亲配子（卵细胞和精子）结合而成的单个受精细胞——是胚胎发育的最早阶段。起初，细胞中的母本和父本染色体保留在两个不同的原核中，经过一轮 DNA 复制之后融合成一个细胞核。然后，合子分裂成两个细胞，每个细胞的细胞核包含来自双亲的全部染色体。胚泡在第一周形成，到第 7 天，由大约 200 个三种不同类型的细胞组成（Hardy，Handyside，and Winston，1989；Rossant and Tam，2017）。一些被称为滋养外胚层的细胞是继续形成胎盘的祖细胞，另外一些细胞则继续形成卵黄囊。胚泡内细胞团中大约有 10 ～ 20 个细胞是形成胚胎外胚层的祖细胞（Niakan，2019）。

HHGE 的大部分临床前研究主要聚焦于两种能将基因组编辑试剂（例如，Cas9 核酸酶和向导 RNA、有或没有模板 DNA）带入合子的方法：①将它们与精子同时导入卵细胞；②将它们导入合子的原核或细胞质。这些试剂的引入可以通过直接机械注射或电穿孔完成，这两种方法都已在人类胚胎中使用，且没有造成明显损害（Ma et al.，2017）。在合子发育阶段，母本和父本染色体组各只有一个拷贝，目的是确保在这两个染色体组进行准确编辑，同时最大限度地减少脱靶事件、镶嵌现象或其他问题带来不良后果的可能性。一些小鼠胚胎的研究已经成功地将基因编辑试剂注射到存在 4 个或 8 个基因组（在 S 期之前或之后）的 2-细胞胚胎中（Gu et al.，2018；Zhang et al.，2019）。这对编辑事件的效率和一致性提出了额外的要求，这样才能在所有等位基因上获得统一的结果，并防止镶嵌现象。

如果双亲中的一方或双方是隐性或显性变异的杂合子，就会出现编辑具有非致病基因型的合子这种情况。为了避免对这类胚胎进行不必要的编辑，需要编辑的合子必须在治疗前确定。后者可以通过极体活检和基因分型（见上文），或者利用编辑平台在基因分型后可靠地编辑多细胞胚胎。这将取决于编辑方案是否能够可靠地编辑 8-细胞期的胚胎，这是在不损害胚胎[②]的情况下进行活检和基因分型的最早时间点。

---

① 基因组编辑技术也已经可以通过改变 DNA 甲基化（Kang et al.，2019）和组蛋白修饰（Pulecio et al.，2017）来影响体细胞的表观遗传状态。广泛的表观遗传重塑发生在早期发育过程中，尚不清楚表观基因组编辑是否可遗传，也不清楚它将如何在合子和早期胚胎中发挥作用。在将胚胎表观基因组编辑视为对先天性基因印记疾病的干预之前，还需要进行更多的研究（Eggermann et al.，2015）。

② 假设 HHGE 能够长期安全使用，人们确信，将编辑试剂引入合子或早期胚胎的过程并不一定有害，因此，处理一组合子或胚胎所用的编辑方案只针对致病等位基因而无需事先鉴定出携带致病基因型，则此方案有可能被接受。这将取决于基因组编辑试剂的开发和实验验证，这些试剂具有足够的特异性，只改变致病等位基因，而不影响非致病等位基因，也不会引入脱靶修饰。

#### 2.2.3.1 靶标位点的编辑效率

基因组编辑的效率是指编辑系统在目标位点进行预期编辑的能力。为了在临床上使用，基因组编辑试剂需要在合子中表现出高效率。首先，试剂必须非常有效地与预期的靶序列结合。其次，必须高效地产生所需的序列修饰。

在生成 Cas9 蛋白和设计向导 RNA（gRNA）方面已有了研究进展，基本上能够完全切割预期靶标 DNA，包括在人类合子中进行（Lee and Niakan，2019）。然而，DNA 切割后采取哪种 DNA 修复途径取决于细胞特性——包括细胞周期阶段、存在哪些 DNA 损伤应答成分、其他影响 DNA 修复的因素以及潜在的遗传背景。基于非常有限的经验，人类合子 HDR 的效率不高。双链断裂更常见的结果是通过 NHEJ 引入了序列插入和缺失，甚至发生更大的变化（Kosicki，Tomberg，and Bradley，2018；Lea and Niakan，2019）。这可能会导致另一种突变取代致病突变，而另一种突变的性质无法提前确定。研究证明，产生插入 / 缺失可用于人类胚胎发生过程中基因功能的基础研究（Fogarty et al.，2017），但在 HHGE 的临床应用中却是非常不理想的结果。最近几份尚未经过同行评审的预印本也报道了在人类胚胎靶点附近重要的意外编辑，包括染色体修饰（Alanis-Lobato et al.，2020；Zuccaro et al.，2020；Liang et al.，2020）。要设计出安全有效的解决方案，需要对早期人类合子的 DNA 修复过程作进一步的基本表征，并开发出有效的策略来促进 HDR 途径的使用。

研究证明，在小鼠胚胎 2-细胞 $G_2$ 期引入基因组编辑试剂可以提高 HDR 的发生率（Gu，Posfai，and Rossant，2018）；然而，目前还不清楚同样的情况是否适用于人类合子。如上所述，在此阶段进行编辑需要非常高的效率和一致的编辑过程，以避免镶嵌现象，并确保所有等位基因都被编辑。这在已报道的小鼠胚胎实验中没有实现（Gu et al.，2018）。

最近一项研究表明，目标位点的母本和父本染色体之间发生基因转换可以实现人类胚胎的高效 HDR（Ma et al.，2017），但这种阐述受到了质疑（Adikusuma et al.，2018；Egli et al.，2018；Ma et al.，2018），还需要进一步的实验验证。所以，对 DNA 修复机制和早期人类胚胎发生基因转换事件的可能性作进一步研究至关重要。

研究证明，碱基编辑和引导编辑产生的插入 / 缺失水平非常低。对于碱基编辑来说，靶序列中有几个邻近碱基对仍存在意外编辑的风险（Lee et al.，2020），即便在避免产生该结果方面已经取得了进展（Kim et al.，2017；Jiang et al.，2018；Huang et al.，2019；McCann et al.，2020）。技术发展不断进步，将有助于解决编辑效率和特异性问题。胚胎中使用碱基编辑工具的证据相当多，包括在人类胚胎中的使用（Li et al.，2017；Zeng et al.，2018；Zhang et al.，2019；Liu et al.，2020）。

Cas9 和 gRNA 系统以及 prime 编辑的新变体尚未在胚胎中得到广泛测试（Liu et al.，2020）。

除了目标位点的效率和修复途径的问题，还有一个可能存在的问题是，在准父母中，需要针对两种不同的致病变异：一个亲代是同一基因突变的复合杂合子，其每个突变都会导致显性疾病；另一种是隐性疾病的情况下，同一基因中存在不同的等位基因。如果无法开发出一种能针对这两种变异的编辑试剂，那么有两种可能的编辑策略，这两种策略都有其局限性。这两种策略为：①针对一种变异进行编辑，并且使用植入前遗传学检测（PGT）确保所得胚胎没有遗传另一种致病变异，这可能导致的风险是，不携带致病基因型的可移植胚胎减少；②引入两种编辑试剂来针对这两种变异，这会导致发生脱靶事件的风险和染色体重排的可能性增加。

利用 HHGE 可预防 DNA 重复序列扩增引起的遗传疾病及其他并发症的遗传，如亨廷顿病。这类疾病面临的挑战是将基因致病性拷贝中的重复次数减少到非致病水平，这一方法存在巨大的技术障碍，包括在另一个等位基因和基因组其他地方都有相同的三联体重复序列。在这种情况下，一种可能的替代编辑策略是在该基因的致病变异中引入终止密码子，以阻止蛋白质的产生，进而阻止其致病作用。虽然这样的策略可以防止疾病传播，但产生的精确 DNA 序列会导致种群功能突变缺失。在血缘关系比例高或有效人口规模小的人群中，因子代遗传了该突变的两个拷贝，可能会导致未来几代人的发病率增加。因此，引入可能导致后代致病的可遗传突变并不适于作为任何 HHGE 的初始用途。

#### 2.2.3.2　编辑的特异性和脱靶事件最小化

基因组编辑系统的特异性——将编辑试剂的活性限制在基因组中的预定位置，而不是在非预期的、非靶标位置进行编辑的能力——在 CRISPR-Cas 系统中主要由 gRNA 和靶点 DNA 之间的序列碱基互补配对提供，在 ZFN 和 TALEN 系统中由蛋白质-DNA 的识别特异性提供。对人类胚胎进行基因组编辑以建立妊娠之前，需通过仔细的实验和优化筛选出能在准亲代的遗传背景下提供最大特异性的编辑试剂。设计在人类合子中诱导极低水平的非靶向修饰的基因组编辑工具貌似可行，但还需在多种特定情况下进行验证。

评估合子基因组中非预期序列修饰的第二个关键问题是，高可信度地检测这种修饰是否已经发生。目前已开发出多种用于识别被任何特定编辑试剂（如 Cas9-gRNA 组合）切割的高风险位点的工具（参见上文“2.2.1 基因组编辑技术”一节中的讨论）。然而，这些方法主要是在细胞游离的全基因组 DNA、培养细胞或整个组织或有机体中设计和测试的，而在细胞 DNA 可获得性有限的胚胎中并不可行。可以用早期胚胎的 DNA 对培养细胞中发现的脱靶位点进行定向测序（Ma et al.，2017），但合子中特有的风险位点则会被遗漏。

用同样的试剂编辑体细胞或胚胎干细胞时，表现出更大风险差异的脱靶位点可以作为参考，有助于指导评估胚胎中的这些位点。然而，这些实验并不能完全预测合子中发生的情况，因为编辑的效率和特异性可能会随着细胞类型而变化（NASEM，2017）。因此，对已编辑胚胎中发生的编辑进行表征的主要策略是全基因组测序。若要进行全基因组测序，通常会从早期胚胎（如胚泡）中取出少量细胞。由于少量的DNA不足以进行处理，在测序之前还要进行全基因组扩增。这可能会引入扩增偏差，包括等位基因丢失，即基因组DNA的某些片段比其他片段更有效地被扩增，而另一些片段则完全没有表现。临床前全胚胎DNA的全基因组测序（WGS）可用于鉴定合子特异的脱靶位点，且不受DNA含量低的限制；也可用于分析特异体细胞的脱靶位点，评估该脱靶位点是否与合子编辑中同类位点的鉴定具有很好的相关性。序列分析的另一个问题是，它必须涵盖所有可能发生的改变，包括大型插入和缺失，甚至整个或部分染色体丢失，这些都是标准程序难以检测到的（Kosicki，Tomberg，and Bradley，2018）。因此，目前的方法无法以足够高的置信度来定位和表征早期胚胎中的脱靶编辑。

#### 2.2.3.3　对镶嵌现象的评估

胚胎的基因组编辑应尽早进行（通常是在单细胞阶段），DNA大量复制和细胞分裂发生之前最大限度地增加母本和父本基因组被编辑的概率。如果编辑持续到这个阶段，胚胎中不同的细胞可能会在预期靶点或脱靶位点携带不同的序列变化。这会导致镶嵌现象——一种在小鼠基因组编辑实验中普遍观察到的情况（Mianné et al.，2017）。镶嵌现象是一个严重的问题，因为在发育中的胚胎，某些细胞会有预期的序列变化而其他细胞却没有（图2-8）。未经编辑的细胞可能对导致疾病的组织或细胞类型产生很大影响，从而破坏疾病预防策略。此外，编辑活性持续超过单细胞阶段会增加持续脱靶诱变的可能性。这种类型的基因镶嵌对胚胎发育和出生后生存产生的影响很难预测，但可能很重要。

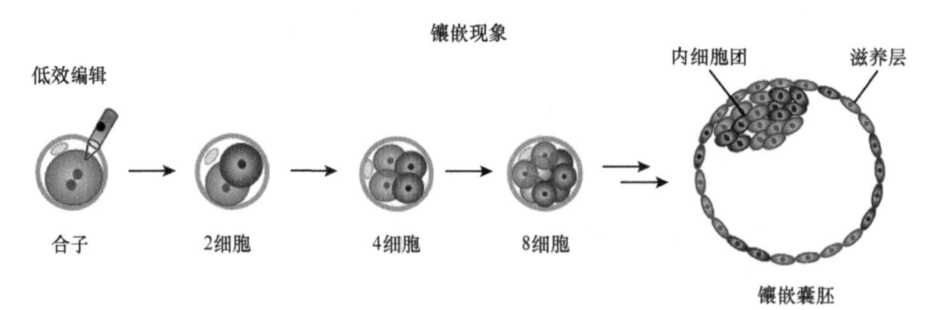


图2-8　细胞所含的遗传物质不同时，可能会出现镶嵌胚胎，例如，在2细胞阶段，只在一个细胞中发生编辑时。

预防镶嵌现象需要在单细胞阶段的合子中非常高效地进行所需的靶向修饰，并限制该阶段之后的编辑活性。对体细胞的研究表明，Cas9-gRNA复合物的寿命相当短暂，但该复合物在人类胚胎中的寿命尚未得到很好的表征。所以需要新的方法来限制编辑活性的持续时间。例如，通过将Cas9融合到加速其降解的蛋白质结构域，有可能缩短复合物保持活跃的时间。

镶嵌现象对验证在临床环境中是否发生了正确的基因组编辑提出了特别的挑战。对于要移植的胚胎，只能取出一个卵裂球或几个滋养外胚层细胞进行分子水平分析。对这些细胞的靶向和脱靶序列分析不能提供胚胎中剩余细胞的基因型信息，包括形成胚胎的内细胞团中的细胞。另一种正在开发中的方法是分析胚泡空腔内液体或胚胎培养基液体中发现的DNA（Leaver and Wells，2020）。但还需进一步研究解决一些问题，如被检测到的细胞游离DNA的来源——它是由随机的细胞丢失造成的，还是优先从可能带有其他发育异常（如非整倍体）的细胞中丢失。基于非侵入性、细胞游离DNA的技术不断发展，给临床应用前人类胚胎的遗传表征带来更多选择。然而，这种细胞游离方法仍然不能提供胚胎中每个细胞的基因型信息，因此不能保证没有镶嵌现象。

目前还没有一种非破坏性的方法可以确定胚胎中的所有细胞是否都带有完全相同的编辑；甚至很难想象有一种方法可以做到这一点。因此，对人类合子的临床前研究必须建立一种只有极少数情况下才会产生镶嵌胚胎的程序。

#### 2.2.3.4 早期胚胎发育评估：表观基因组和转录组

表征基因组编辑对合子的影响时，一些额外的评估十分重要。一个关键的问题是，编辑后的合子是否会以正常的方式继续进行后续的发育步骤。受精后，胚胎经历了一系列精确编排的事件，包括并取决于表观遗传修饰①。小鼠胚胎植入前的研究表明，母源和父源基因组甲基化发生了整体性变化，而组蛋白经过修饰，改变了核小体定位并启动细胞转录机制的DNA可及性（Eckersley-Maslin，Alda-Catalinas，and Reik，2018；Xu and Xie，2018；Li，An，and Zhang，2019）。更高水平的基因组配置也发生在早期胚胎时期，包括形成3D拓扑结构，使相距较远的DNA序列能够相互作用（Flyamer et al.，2017）。由于实验室小鼠是近交基因组，而表观遗传变异对人类遗传变异会产生影响，所以在人类胚胎中发生的表观遗传重塑比小鼠中的情况更为复杂（Delahaye et al.，2018）。早期人类胚胎发育的表观基因组学研究也正在进行中（Guo et al.，2014；Smith et al.，2014；Gao et al.，2018；Liu et al.，2019；Wang et al.，2019；Zhou et al.，2019）。

目前尚不清楚在合子中伴随HHGE可能发生的染色体断裂和修复，是否会对

① 表观遗传修饰是一种可以导致基因表达发生变化而不改变基因DNA序列的修饰。

局部和整体性 DNA 甲基化、组蛋白修饰或染色质结构域组织产生影响。因此需对表观基因组和转录谱进行临床前研究，确定与未处理的胚胎相比，已编辑胚胎中的表观基因组特征和基因表达模式是否发生了变化。评估编辑附近的局部染色质动态也很重要。研究编辑后的模式生物（如小鼠），有助于揭示人类胚胎中需评估的各种分子事件。

目前有一些在单细胞水平上评估这些特征的方法，如人类胚胎植入前单个细胞的 DNA 甲基化图谱（Zhu et al.，2018），研究染色质状态、核小体定位和 DNA 甲基化的单细胞多组学方法也正在发展中（Li et al.，2018）。干细胞衍生胚胎模型（Simunovic and Brivanlou，2017；Moris et al.，2020）的数据也可能有助于人类早期发育的表征。总之仍需要进一步的基础研究和完善的评估方法来定义发育里程碑，包括表观遗传学和转录组学图谱，以确定被编辑的人类胚胎是否可以与未经编辑的胚胎相媲美。

## 2.2.4 了解转化途径潜在发展相关信息的来源

任何 HHGE 临床转化途径所需的证据基础，需要利用从各种来源获得的信息。

### 2.2.4.1 在体外系统中

目前有关哺乳动物基因组编辑的大部分信息来自培养细胞的研究，这些系统仍能提供有价值的见解。至少在可预见的将来，优化 Cas9 和 gRNA 组合、开发碱基编辑工具等新型试剂，以及测试各种模板 DNA 构型以恢复非致病序列，能为生殖系编辑指明方向。另外还需要开发其他方法来识别和最小化脱靶突变，包括评估产生大型插入、缺失和重排的方法。

尤为重要的是将编辑结果控制在预期靶点的方法，包括抑制插入 / 缺失形成和增强序列置换。虽然可以从许多不同类型的培养细胞中获得相关结果，但可能在携带特定致病突变的细胞系、诱导多能干细胞和原代细胞中进行的实验最有效。使用干细胞则存在一个限制，即由患者个体建立的品系之间有相当大的变异性，且研究表明基因组异常率很高（Henry et al.，2019）。

### 2.2.4.2 体细胞基因组编辑的临床应用

尽管体细胞基因组编辑和上面讨论的生殖系细胞基因组编辑有根本的区别，但体细胞基因组编辑的临床经验可以提供一些信息帮助了解 HHGE。方法学上的差异意味着体细胞基因组编辑的成功或失败不太可能与 HHGE 的前景直接相关——所用的编辑试剂和传递方法可能不同，合子和体细胞中的细胞环境与修复机制也不同。

然而，体细胞编辑疗法的临床试验代表了在人类原代细胞中使用基因组编辑，而不是在实验室培养的细胞中。因此，体细胞疗法有助于了解特定致病突变修正给患者带来的益处，它还可能提供一些在不同细胞类型的预期靶点和脱靶位点观察到的基因修饰类型及频率的数据。长期监测接受体细胞基因组治疗的患者也可能揭示与治疗相关的后期风险程度，特别是产生脱靶突变，或者可能有助于揭示患者更广泛的基因组背景是否影响治疗结果。与此同时，经过治疗的体细胞群体在体内竞相生长和存活，可能会掩盖那些对被治疗胚胎发育有影响的有害作用。对体细胞治疗患者的长期随访也能为长期随访流程的合规性以及沟通和知情同意流程的优化提供思路。

#### 2.2.4.3 其他哺乳动物合子的研究

虽然人类合子与人类体细胞的存活能力和经历过程有很大的不同，但人类合子似乎可能与其他生物的合子，特别是其他哺乳动物的合子共有某些能力和过程。生殖系基因组编辑已用于许多动物物种中，以产生用于研究或改善家畜性状的特定变异。在这些情况下，不需要实现非常高的编辑效率，因为可以在多个发育阶段对多个个体动物进行筛选，且一般通过选择性育种在后代中获得最终样本，而这样的方法对人类来说无法被接受。

大量的基因组编辑研究已经在小鼠胚胎中完成，这虽然有助于识别关键参数，但不是研究人类胚胎的最佳模型。虽然人类和小鼠的囊胚具有相似的形态，但在胚胎发育后期有显著差异。此外，研究表明，某些基因的表达时间和早期胚胎功能在两个物种之间存在显著差异（Niakan and Eggan，2013；Fogarty et al.，2017）。最近，更多的注意力转向了更大的哺乳动物，包括牛和猪，在这些动物中，胚胎基因组编辑正变得司空见惯。非人灵长类动物也有相关研究，包括猕猴和恒河猴，它们与人类最接近（Niu et al.，2014；Chen et al.，2015）。在某些情况下，人类疾病等位基因可能已经被引入到这些生物的基因组中，产生了所谓的人源化基因，这些基因将成为评估特定序列修复可行性的极佳模型。然而，由于相关动物的相对复杂性，在一些国家，大型哺乳动物的这类研究可能引起伦理上的反对。

将其他动物合子研究集中在目前最棘手的问题上，对改进人类生殖系基因组编辑极为有利。这些措施包括提高靶向编辑的效率和防止脱靶事件。这可能需要理解 DNA 修复过程在合子中是如何运作的、引入编辑试剂的时机如何决定编辑结果，以及什么形式的模板 DNA 和传递最有效。脱靶事件也可由此解决。胚胎镶嵌的问题很重要，它不能在体细胞中解决。可以在模型生物中开发将编辑限制在单细胞阶段的方法以及分析镶嵌的方法，然后在人类合子中进行测试。也可以研究编辑过程本身对表观遗传编程和基因表达的影响。当然，其他问题，如脱靶效应，并不能反映出人类基因组中的缺陷。

#### 2.2.4.4 人类合子研究

研究早期人类胚胎发育的原因多种多样，包括为不孕症、着床和胎盘发育提供一些深入了解，以及改进 IVF 技术。目前，关于人类胚胎中最早出现的细胞类型是如何决定其命运和功能（Lea and Niakan，2019），或者如何受到基因组编辑的影响，人们知之甚少。

在进行 HHGE 之前，需要直接在人类合子中检测可靠生殖系基因组编辑的必要特征。这些测试必须证明非常有效地引入了预期的序列变化，没有显著水平的脱靶诱变，并且出现镶嵌现象的概率非常低，至少在最初的情况下，必须对每个新的靶点和 Cas 核酸酶 /gRNA 组合执行这些测试。要获得对中靶、脱靶和嵌合率有意义的测量值，需要分析足够多的胚胎。

然而，这些都是挑战，因为某些国家禁止对人类胚胎进行研究，在其他许多国家则受到严格的监督和监管。在允许研究的地方，通常只能获得有限数量的人类胚胎，通常是 IVF 捐赠的多余胚胎。许多人类胚胎基因组编辑研究也会使用不能存活的三原核胚胎（Liang et al.，2015；Li et al.，2017；Zhou et al.，2017；Tang et al.，2018），但异常的染色体含量和发育过程使得它们不适合用于人类合子基因组编辑的临床前表征，而这却是 HHGE 潜在转化途径的一部分。

许多司法管辖区存在培养限制，考虑发育不良的影响，目前禁止对超过 14 天的人类胚胎发育进行实验性监测（Cavaliere，2017）。合成胚胎样实体在这里可能有一些用处，因为它们可以维持 14 天以上；然而，当前的模型不能完全反映完整胚胎的细胞类型、环境或发育时序（Aach et al.，2017；Warmflash，2017；Rivron et al.，2018；Moris et al.，2020）。监测胎儿发育需要植入并建立妊娠，因此，在非人类生物体中进行的实验必须保证基因组编辑不会引起发育不良，或影响很小。

## 2.3 辅助生殖领域未来的问题：干细胞介导的体外配子发生的意义

除了在合子（受精卵）中进行基因编辑，可遗传人类基因组编辑（HHGE）的另一个途径是对能够形成功能性雄配子和雌配子（精子和卵细胞）的细胞进行基因组编辑。基因组编辑不太可能直接在精子或卵细胞中进行，但一些细胞可以作为配子的前体细胞进行基因编辑，包括：①精原干细胞；②源于患者的多能干细胞或核移植胚胎干细胞（ntES cell）。这些细胞可通过体外配子发生（IVG）诱导分化为功能性单倍体配子。从培养的干细胞获得人类配子的技术仍在开发中，目前尚不能用于临床。这类干细胞介导的方法在真正应用于人体之前，还需先获准成为辅助生殖技术的一部分。尽管如此，干细胞介导的体外配子发生技术，作为准父母可选择的生殖选项以及对 HHGE 都具有重要意义。

### 2.3.1 干细胞介导的体外配子发生对可遗传基因组编辑的意义

在绝大多数情况下，干细胞介导的体外配子发生可以消除对可遗传基因组编辑的依赖，以阻止单基因疾病的传播。在准父母能够产生没有致病基因型的胚胎的情况下，可以通过大规模筛选由准父母的体细胞产生的雄配子及雌配子形成的胚胎，找到合适的胚胎。这甚至同样适用于那些用传统辅助生殖技术较难获得正常胚胎的准父母。因此，此技术将解决当前与植入前遗传学检测（PGT）相关的效率问题。

在另外一些情况下，特定夫妇所能产生的所有胚胎均带有致病基因型（见图 2-2）。对于此类情况，可遗传人类基因组编辑（HHGE）仍将是获得与父母双方遗传相关而不遗传疾病的孩子的唯一选择。在这种情况下，体外配子发生（IVG）为解决现有技术在人类合子（受精卵）中进行基因编辑遇到的技术挑战提供了方案。在培养的细胞中进行基因组编辑将允许我们在产生及使用配子之前，非常仔细地在遗传及表观遗传层面分析所有被编辑的基因组。这对安全性有重要意义，因为靶点编辑保真度及避免脱靶事件的问题，很大程度上可以在配子被考虑用于构建胚胎前被解决。同时，高通量表观遗传学分析可被用于确保经基因组编辑的细胞的表观遗传学稳定性。此外，使用经编辑的配子来产生胚胎将避免镶嵌的问题，因为所有的胚胎细胞均由先前经基因组编辑的单个配子产生。

利用培养的人类配子及前体细胞的实验室研究，有望回答人类早期发育中的基础问题。然而，所有体外配子发生的未来临床应用，都将引起许多科学和伦理问题，考虑到它对人类生殖的潜在影响，还需要谨慎的考量（Bredenoord and Hyun，2017；Greely，2018）。对常规化生产数百乃至数千个被用于研究或治疗的人类胚胎，社会的态度是什么？毫无疑问，这将令相关研究蓬勃发展，但当用于治疗时，会不会因为一些患者认为破坏性的胚胎研究在伦理上不可接受，而导致数以千计的胚胎被定期丢弃，或者被无限期地储存起来？一些从业者可能会尝试筛查数千个胚胎的多基因性状（参阅 2.3.2 节），并在移植前根据多基因风险对它们进行排名（Karavani et al.，2019）。因此，类似于在可遗传人类基因组编辑（HHGE）应用于临床前所需的讨论，体外配子发生（IVG）进行任何临床应用前，也将需要进行广泛的社会讨论（Adashi et al.，2019）。

### 2.3.2 使用体外干细胞衍生配子的临床前研究

考虑到其对可遗传人类基因组编辑（HHGE）的潜在影响，从体外培养的干细胞获得配子这一技术的当前进展十分重要。目前尚不清楚这些方法中的哪些（如果有的话）可能发展到了能够考虑开展临床应用的阶段。

#### 2.3.2.1 精原干细胞的基因组编辑

精子细胞的基因组无法使用现有的技术直接编辑。但是精子细胞源于睾丸生精上皮中的干细胞，即精原干细胞（SSC）。精原干细胞可以从包括灵长类在内的多个物种中分离出来，但到目前为止，只有从小型哺乳动物获得的精原干细胞能够长期在体外培养（Kubota et al.，2018）。小鼠研究表明，对精原干细胞进行基因组编辑，并随之将其移植到睾丸中，可以产生拥有编辑后基因组的精子。该方法可用于阻止人类遗传病的父系遗传。Wu 等人在 2015 年使用 CRISPR-Cas9 系统编辑小鼠精原干细胞的基因组，以纠正引起白内障的突变。他们能够识别并选择那些携带目标基因编辑，而没有不希望发生的基因组变化或没有表观遗传异常迹象（包括异常的基因组印记）的精原干细胞。而且，他们能够将编辑后的精原干细胞移植回小鼠睾丸，产生健康的后代。与合子基因组编辑一样，对所有最初的人类用途的配子获得而言，对由经编辑的 SSC 产生的胚胎的表观遗传和转录组学性质进行研究是非常重要的。目前尚不清楚将细胞移植到睾丸中这一条件是否会成为该技术临床应用的障碍，又或者，是否可以在体外可靠、安全地完成精原干细胞的成熟并获得功能性配子。

#### 2.3.2.2 孤雄单倍体胚胎干细胞的使用

小鼠研究还表明，孤雄单倍体胚胎干细胞（AG-haESC）可获取自将精子注入已去除母体染色体的卵母细胞产生的胚胎，或者卵细胞受精然后去除雌性前核的胚胎。这些经过基因修饰的孤雄单倍体胚胎干细胞可以模拟两个父系印记基因的印记状态，将其注射到卵母细胞中以“使它们受精”，可以产生正常存活并可育的小鼠（Wang and Li，2019）。因此，孤雄单倍体胚胎干细胞的基因操作是一种在小鼠中实现一步传递遗传修饰的方法。

最近人们已成功获得人类的孤雄单倍体胚胎干细胞。这些细胞表现出典型的父系印记，还可以使人的卵母细胞“受精”并支持早期胚胎发育，进而产生胚泡和二倍体胚胎干细胞，这些细胞的转录组与胞浆内精子注射获得的正常的二倍体胚胎和胚胎干细胞的转录组相似（Zhang et al.，2020）。因此，单倍体胚胎干细胞提供了一种新型的人类种系干细胞，具备用于编辑疾病相关的突变以及验证目的基因型的潜力。

#### 2.3.2.3 利用诱导性多能干细胞或核移植胚胎干细胞体外获得配子

基因组编辑还可以在患者来源的诱导多能干细胞（iPS cell）或核移植胚胎干细胞中进行，然后在体外将其分化成配子——这一过程被称为体外配子发生（IVG）（图 2-9）。小鼠多能干细胞可以转化为性质类似于原始生殖细胞的细胞（称为原始生殖样细胞，或 PGCLC）（Hayashi et al.，2011）。将它们引入无生殖细胞的小鼠性腺后，就可以产生功能性的精子。也有报道将其进一步在体外分化为生殖系干细胞，以及功能性类精子细胞（Ishikura et al.，2016；Zhou et al.，2016）。这些研究涉及通过性腺转移在体内完成配子发生，或与新生鼠睾丸体细胞共培养在体外完成配子发生，建立了小鼠干细胞可以转化为功能性雄配子的指导原则。

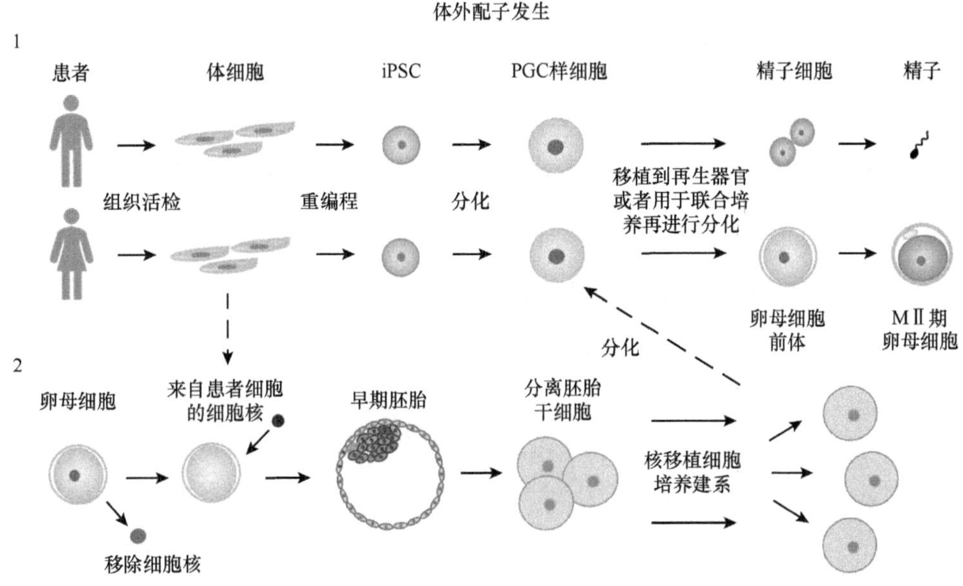


图 2-9 ①用转录因子 / 生长因子处理患者的体细胞可以将细胞重编程，使其成为诱导多能干细胞。②人类胚胎干细胞也可以从去核卵母细胞（ntESC）核移植的胚胎中获得。这些多能干细胞可以分化为原始生殖样细胞（PGCLC）。可以通过移植到生殖器官或通过开发新的共培养方法来实现人类 PGCLC 发育成配子。

精原干细胞（SSC）可以在细胞培养中获取并进行操作，卵巢不含有类似的雌性生殖干细胞，因为雌性配子的发生是在雌性出生之前完成的。因此，获得雌配子前体细胞用于培养并进行基因组编辑的唯一理论途径就是使用体外配子发生（IVG）。Hayashi 等人在 2012 年报道了将 PGCLC 移植到成年小鼠的卵巢中最终产生了可育的后代。Morohaku 等人在 2016 年报道了小鼠原始生殖细胞在体外成功成熟为 MII 卵母细胞（可进行受精的卵母细胞阶段）。Hikabe 等人在 2016 年报道了这整个过程在小鼠中的重构，包括干细胞向 PGCLC 的转化以及这些 PGCLC 成熟为 MII 卵母细胞。这些研究表明，在小鼠中可以用多能干细胞重现雌性配子发生的过程。

使用人细胞进行 IVG 的研究正在进行中，但尚不清楚能否和小鼠中的报道一样获得成功，尤其是减数分裂的启动和完成。人 PGCLC（hPGCLC）已经从诱导多能干细胞（Sasaki et al.，2015）获取，并进行了分子表征的验证（Chen et al.，2019）。人类雌配子体外获得的一项挑战是如何成功应用 hPGCLC。Yamashiro 等人在 2018 年及 2020 年报道了在长期培养模型中使用 hPGCLC 衍生出类似卵小细胞的细胞。然而，将这类体外来源的卵母细胞在进一步的减数分裂前期 I 中分化为原代卵母细胞不是一种有效的方法。我们可能需要更好的共培养方法，但是获得合适类型的胎儿性腺体细胞是一个挑战。尽管在体外重建精子发生中一些步骤的方法已被报道，但用这种方法产生人类精子尚未得到实现（Nagamatsu and Hiyashi，2017；Yuan et al.，2020）。

所有的 IVG 方法都需要相当长周期的细胞培养，而细胞对培养的适应本身就有引入不希望的遗传或表观遗传变化的风险。还需要对哺乳动物模型进行进一步研究，包括非人灵长类动物，以开发出一种可能的产生人类配子的方法。

## 2.4 可遗传人类基因组编辑的临床转化途径的附加内容

除了上面讨论的科学及技术方面的考量，任何 HHGE 可能的临床应用，都有必要做好获得知情同意及监测基因组编辑效果的详细计划。尽管 HHGE 由于其遗传改变的风险会带来额外的特殊挑战，制订此类计划可以借鉴其他新型人类辅助生殖技术［如线粒体置换疗法（MRT）］的经验，也可以参考目前生殖医学的实践。

### 2.4.1 知情同意

HHGE 在单基因疾病中的潜在应用，提出了类似于 MRT 面临的知情和自愿同意方面的特殊挑战。纳菲尔德生物伦理委员会（NCB，2012），以及美国国家科学、工程与医学研究院（NASEM，2016）分别在报告中详细讨论了这些挑战。HHGE 用于其他类型的用途，如用于多基因疾病（见下文），将带来更多挑战。

准父母作为可遗传基因组编辑人类应用的最初参与者，除了了解体外受精（IVF）和植入前遗传学检测（PGT）的使用之外，还要了解将要采用的全新技术手段，需要意识到尚缺乏临床前证据以外的有关 HHGE 在人体内的安全性和有效性的信息，这将导致他们难以准确地权衡潜在的危害、受益以及不确定性，从而做出是否进行治疗的决定。准父母还需要意识到，他们可能生下重病或残疾孩子的风险，以及在产前检查中发现胎儿存在遗传或生理异常时面临是否终止妊娠的艰难决定的可能性。作为同意过程的一部分，需要仔细讨论其他能让准父母成为父母并且能避免遗传疾病传播的替代办法的优点及缺点。同样重要的是，与准父母讨论在怀孕期间，和经基因组编辑的孩子出生后，他们可能受到的来自媒体关注或公众舆论的压力。

此外，需要向准父母告知监测孩子的健康状况以记录HHGE结果的重要性，并告知他们将被要求同意对接受过基因编辑的孩子进行产前和长期的评估。在每个新的评估阶段，都需要获得父母的知情和自愿同意，以让他们的孩子参加监测，直到孩子达到法定年龄（通常为18岁，这因司法管辖而异）。此同意书需要告知准父母评估的所有特征，这些特征可能会影响其允许其子女参加的意愿，他们有权拒绝或退出参与，而不会因此给自己或子女招致任何惩罚。还需要告知准父母：监测的目的；谁来进行评估；他们的参与将涉及什么，包括其中的风险、受益和局限性；有关保密性、匿名性和数据保护的保障措施。

就像世界各地有关儿童健康与发育的许多纵向研究一样，孩子自身一开始无法同意进行长期监测。在他们达到法定年龄之前，一旦他们的年龄足够大，他们将被要求进行知情同意，这意味着他们同意参加监测但不必理解评估的全部意义。

根据儿童发展研究学会（SRCD，2007）和《涉及儿童的伦理研究》报告（Graham et al.，2013）的指南，根据HHGE后出生孩子的年龄及发育水平，需要获得其同意或知情同意。需要以符合孩子理解能力的合适方式，告知其评估的性质，评估人员需要明确告知孩子，他们拥有随时、无理由参加或退出整个或某些特定评估的自由，而不需为此负担后果。还需要确保孩子的医疗私密性和个人隐私。参与评估孩子的人员必须进行培训从而能够识别不适的特征，并被告知一旦孩子感到苦恼，应该终止评估。

由于监测HHGE后出生孩子的重要性，需要尽一切努力鼓励父母和孩子参加长期随访。对于经过基因组编辑，并且持续同意和参与对其的监测直到生育年龄的个人，还应提出邀请将他们的孩子纳入代际评估的机会，实现对携带经编辑的基因组的孙子（女）的追踪。

HHGE后出生的个人应与其他任何人受到同样看待，并且他们及他们的父母不应因为进行HHGE而受到诋毁或歧视。

### 2.4.2 长期监测

因为基因组编辑对孩子身体和心理发育的影响尚不清楚，为了确定HHGE是否能阻止遗传疾病的传播以及是否存在意想不到的不利影响和代际影响，有必要评估孕期胎儿的健康状况，以及孩子出生后在其整个生命周期内追踪评估他们及他们下一代（如果有的话）的身心健康。这种代际监测的重点在于评估参与者的身心健康，而不是改进HHGE技术，毕竟这些技术可能在监测进行期间便得到了改进。以下部分简要回顾了使用其他辅助生殖技术后进行的监测，然后回到对HHGE的思考。

#### 2.4.2.1 监测通过辅助生殖技术出生的儿童

与随访 HHGE 后出生的孩子最为接近的是对以下对象的研究，包括：通过辅助生殖技术［如 IVF 和胞浆内精子注射（ICSI）］出生的、与父母存在遗传关系的孩子；通过使用捐赠的卵子、精子或胚胎的辅助生殖技术出生的孩子，这些孩子与父母中的一方或双方不存在遗传上的联系；那些通过 PGT 结合 IVF/ICSI 出生的孩子。尽管大多数后续研究都聚焦于儿童期的表现，但少数研究已对通过辅助生殖技术（ART）诞生的孩子随访至成年。例如，对经 ICSI 受孕而诞生的年轻人进行了随访以评估其生育能力；对通过配子捐赠受孕诞生的孩子进行了随访以评估其心理健康、与父母的关系，以及对当初受孕方法的想法和感觉。

1）生理与健康表现　有大量关于通过辅助生殖技术出生的儿童的生理和健康表现的研究，涉及大量具有代表性的样本，尽管这些研究绝大多数侧重于短期而非长期表现。最近一项全面的综述，主要关注通过试管受精和 ICSI 出生的儿童，重点研究了独生子女，以避免多胞胎的混淆效应（Berntsen et al.，2019）。结论是，采用辅助生殖技术出生的儿童有短期不良表现的风险，如低体重、早产及出生缺陷，尽管这些风险被形容是适度的。这些儿童较差的表现似乎是父母生育能力不足和辅助生殖技术程序中的某些特定因素共同造成的，但在缺乏适当的对照组的情况下，难以将两者区分开来。

针对 PGT 后出生的儿童的发育情况的研究较少。在丹麦的一项对 PGT 后出生儿童的队列研究中（Bay et al.，2016），产科和新生儿不良表现的水平高于自然妊娠，但与 ICSI 后的妊娠相似。似乎不良表现风险的增加与可能的父母遗传状况有关，而不是与 PGT 程序本身有关。与 ICSI 和自然受孕儿童相比，对 PGT 后出生的 2 岁儿童的研究发现，其生长、认知和精神运动的发育以及行为和健康表现没有差异。最近对 5 岁儿童（Heijligers et al.，2018）和 9 岁儿童（Kuiper et al.，2018）的研究也得出了类似的令人放心的结果。

2）心理表现　对通过辅助生殖技术出生的儿童的心理健康的研究可以追溯到 20 世纪 90 年代［相关综述见 Golombok（2017，2019）］。研究表明，这些儿童的家庭通常具有积极的亲子关系和良好的适应能力，无论父母一方或双方与子女之间是否存在遗传联系。尽管社会更加开放，但许多父母并不会告诉捐赠受孕出生的孩子他们的出身，主要是因为担心这些信息会危及家庭关系，特别是非遗传父母和孩子之间的关系。那些在孩子小的时候就告诉孩子他们的生物起源的父母，通常会发现他们对信息披露的潜在负面后果的担心是没有根据的，而且越来越多的证据表明，早期披露会给孩子和成人带来更积极的结果。一些知道自己是捐赠受孕的儿童和成人会搜索捐赠者和来自同一捐赠者的兄弟姐妹（与他们存在一半血缘关系的兄弟姐妹）的信息，以便更好地了解他们是谁以及他们是如何形成的。这些研究结果表明，向通过HHGE出生的孩子披露他们早年受孕的情况可能有利于他们的心理健康和与父母的关系，而HHGE后出生的人可能对他们作为胚胎所经历的事情以及为什么会这样做感兴趣。目前尚不清楚父母是否或怎样告诉接受PGT后出生的孩子他们的起源，尽管他们可能会告诉孩子们，他们来自经过基因测试后被挑选的胚胎。然而，HHGE与PGT的不同之处在于，它会改变孩子的基因组成，而PGT则不会。

#### 2.4.2.2 可遗传人类基因组编辑后出生儿童的长期随访

与知情同意书一样，对HHGE后出生的儿童长期随访的方法涉及面很广，因为最合适的具体评估方法将取决于许多因素，包括编辑的情况和进行编辑的国家。全面的长期随访将包括评估：①分娩及围产期表现；②所生孩子的遗传缺陷；③孩子的其他健康问题；④成长、运动和身体发育；⑤认知和语言发展，包括发育迟缓；⑥心理调适，包括心理健康问题。必须在监测的必要性与避免给有关儿童和成人造成不适当负担之间取得平衡。

为了考察孩子的成长、认知发展、语言发展以及社会与情感发展，有必要根据具体情况，在关键的发展里程碑上对孩子进行评估。有专门为此而设计的标准化测试。如果要在国际上使用这些评估，这些测试就需要被翻译成不同的语言，适应当地文化，有标准的数据支持在其语言和文化背景下解释每个孩子的分数的含义（Gregoire et al.，2008）。越来越多的人达成共识，从伦理和增进理解的角度出发，有必要将儿童的言论纳入影响他们的干预措施中。因此，从青春期开始，就应该对受HHGE影响的儿童进行访谈，了解他们的想法、感受和经历。对最初使用HHGE后出生的儿童进行长期随访研究的一个关键问题是需要尽量减少样本损耗，以减少样本偏差。其中涉及的挑战包括，最早使用HHGE后出生的儿童数量少、需要对正在调查的遗传缺陷和所进行的基因组编辑进行标准化，以及缺乏有意义的对照组，所有这些都将限制研究结果的可靠性、有效性和普遍性。

在英国，对通过线粒体置换疗法（MRT）受孕出生的儿童（这最接近于HHGE）的评估从产前就开始了。在怀孕期间，除了监测胎儿的生长发育外，还为父母提供羊膜穿刺术（经孕妇腹壁吸出液体检查胎儿健康状况）。出生时，会记录新生儿指标，婴儿在出生后第一年接受常规发育检查。对MRT儿童的研究最早会在出生后第18个月时（这一年龄有明确的发育里程碑）进行，并且在得到父母的知情同意和尊重孩子的意愿后，后续的随访会贯穿孩子的整个童年。成年后，随访需要进一步取得基因组被编辑者本人的知情同意（Gorman et al.，2018）。

## 2.5 可遗传人类基因组编辑其他可能的应用

本章的内容主要集中于准父母使用HHGE来防止导致单基因疾病的遗传变异的传播，从而使自己的孩子免受该疾病的影响。本节讨论了HHGE在更复杂的情况下的应用前景，包括：防止多基因疾病的传播，改变与疾病无关的特征，男性不育的特殊情况。

人类遗传学是复杂的。尽管区分单基因和多基因情况有一定作用，但人类遗传学的现实情况更为复杂。即使对哺乳动物基因功能的了解已取得了非凡的进展，但我们对人类和小鼠基因组中大多数基因的功能却依然知之甚少。这种对基础生物学的无知提醒我们，临床干预依赖于牢固的基因组学知识，有必要进行深入的研究（Oprea et al.，2018；Brown and Lad，2019）。

要绘制人类遗传变异的图谱，了解其对疾病的影响，便需要系统地了解基因组变异如何确切引发单基因和多基因疾病。许多基因是多效性的，它们在多种生化途径中发挥作用。基因在功能性网络中发挥作用，理解基因及其变体在这种（功能性）网络中的作用是一项挑战，需要强大的计算工具以及来自基因组学项目的大规模数据集，包括动物模型（Cacheiro et al.，2020）。单基因和多基因遗传情况也可能具有潜在的相似性。罕见的单基因疾病通常容易导致以复杂遗传为特征的更常见的疾病，单基因疾病突变通过相互作用会带来复杂疾病的患病风险（Blair et al.，2013）。

### 2.5.1 多基因疾病

许多常见疾病都有显著的遗传因素，包括2型糖尿病、类风湿性关节炎、心脏病、精神分裂症、多种癌症和阿尔茨海默病。这些疾病大多是多基因的，受多个基因的多个遗传变异的影响。这些遗传变异通常对疾病风险的影响非常小（Timpson et al.，2018）。然而，在某些情况下，特定基因的特定突变体对疾病风险的影响相对较大，哪怕这些变异并不能完全决定谁会患上疾病或疾病的严重程度①。例如，携带载脂蛋白E基因（称为*APOE4*）一个常见变体的个体，与没有这种变异的人相比，60岁以后每十年患痴呆症的风险大约增加一倍。然而，携带单份*APOE4*变体的人在60～69岁患痴呆症的绝对风险只有5%左右，80岁以上的绝对风险也只有15%～20%（Rasmussen et al.，2018）。

在多基因遗传中，单个的DNA变异可能只会有限改变基因功能，通常是改变蛋白质的合成，而不会单独导致疾病的表型。例如，一项针对11 260例精神分

① 其他类型的多基因疾病遗传也是可能的，包括双基因，这种疾病需要两个不同基因的突变（Deltas，2018）。

裂症患者和24 542例对照组的全基因组关联研究，发现了145个新的相关基因位点，每一个基因位点对该病的发病风险贡献很小（Paradiñas et al.，2018）。遗传风险分数评估可将不同的相关基因位点组合成一项与患病风险高低有关的评分。然而，这些分数只表示相对风险，不是决定性的。大多数常见的（多基因）疾病的风险不仅取决于复杂的遗传因素，还取决于广泛的环境影响，如饮食和生活方式，以及难以预测的随机事件。

我们没有足够的预测信息来深入思考HHGE应用于干预多个变异和复杂遗传模式相关的常见疾病。仅编辑改变一个与复杂疾病相关的基因变体可能对该疾病的发病影响很小，同时由于该基因可能扮演的其他生物学角色以及它可能作用的其他遗传网络，该编辑还可能引入未知的影响。改变一种疾病风险的基因变异通常还会对其他致病风险产生影响，而且这种影响通常是相反的。当考虑编辑多个突变体时，面临的难题就更加复杂了。许多有价值的人类疾病相关的遗传和非遗传因素研究仍在继续，但这方面的知识还远远未达到能够支持HHGE应用于预防或降低多基因疾病风险的阶段。

### 2.5.2 复杂的非疾病特征

遗传学家也发现了许多与个人特征相关的基因变异，基因组编辑被认为是改变这些变异的一种潜在方法。例如，一些基因突变体与肌肉力量的增强或训练提升力量的能力有关，而这类特征对一些人来说是想要拥有的。例如，*ACTN3*基因中的一个突变体编码一种蛋白质，该蛋白质是肌肉纤维的一部分，与肌肉力量有关（Ma et al.，2013）。一些研究发现，该基因的特定突变体与肌肉力量和功能之间存在显著关联，但其他研究则没有发现（Pickering and Kiely，2017）。由此可见，这种变异不太可能独自决定肌肉力量的水平，因此对这种突变体进行基因组编辑的结果将是不可预测的。

与多基因疾病一样，我们对复杂性状相关的多个遗传变异的生物学效应知之甚少。即使可以编辑与某一特定性状相关的所有变异，也不可能预测表型结果。如果编辑的目的是获得比常规更强大的功能，而不是预防疾病，这将是一种基因增强。HHGE的这类应用可能会引起很大的争议，并引发许多额外的社会和伦理问题，而且在科学上也是非常不成熟的。

### 2.5.3 治疗男性不育

男性不育是一个可以考虑进行基因组编辑的独特案例。对于一个因为确定的单基因遗传因素而导致不育的男性来说，在其生殖组织（如睾丸）或体外精原干细胞（SSC）中进行基因组编辑可以提供恢复生育能力的机会。这类应用处于体细胞基因组编辑和可遗传基因组编辑的交叉点。处于这种情况的男性患者是存在的，并且他们可以提供对手术的知情同意，这里的临床目的是治疗对患者生活有负面影响的疾病，就像体细胞基因组编辑一样。然而，由于基因组编辑的靶细胞是生殖细胞，修正引起不育的突变将产生可遗传的变化。从效果上说，对不孕症进行基因组编辑将是HHGE的一种应用。恢复女性的生育能力是一个类似的情况，并且在理论上可行，但正如上文所讨论的，它可能只能用干细胞衍生配子（IVG）进行，而且对比获取及编辑睾丸SCC的基因组，它离潜在的临床应用还有很长一段距离。

据报道，约7%的男性患有某种形式的不育（Krausz and Riera-Escamilla，2018）。这种情况可能由多种潜在原因引起，许多不育病例的根源尚不清楚，但据估计，超过2000个基因具有雄性生殖系细胞特异的转录本（Schultz，Hamra，and Garbers，2003）。研究还在继续寻找影响生育能力的基因，但许多单基因突变与生精的数量和质量异常有关（Ben Khelifa et al.，2011；Harbuz et al.，2011；Maor-Sagie et al.，2015；Okutman et al.，2015；Tenenbaum-Rakover et al.，2015；Yatsenko et al.，2015；Kasak et al.，2018；Nsota Mbango et al.，2019）。

对于因遗传原因，能产生精子但生育能力下降的男性（例如，因为精子的活力降低），现有的生殖选择，如细胞质内单精子注射，可能能够克服生育困难，并产生胚胎。另一方面，一些男性携带已被识别的基因突变，这些突变使他们无法产生任何精子（无精子症），或产生具有显著基因或结构异常的精子，以致无法产生可存活的胚胎。对这部分人来说，对SSC进行基因组编辑并随之将这些细胞发育成精子，可以创造出一个与他们遗传相关的孩子。这个过程可能仍然需要使用辅助生殖技术，比如，SSC可能需要在体外培养中发育成精子。或者，如果经基因组编辑的SSC被重新导入睾丸，并在体内发育成精子，这种干预能提供一种无需体外受精就可以生育一个与患者遗传相关的孩子的可能。虽然单基因突变导致的不孕症只影响一小部分人，但那些因已被确定的遗传因素而不育的人形成了一个潜在的群体，他们可能对使用HHGE感兴趣。

## 2.6 结论和建议

本章详细探讨了可能被用来发展可遗传人类基因组编辑的遗传学、基因组编辑技术和再生医学的科学现状，也探讨了可遗传人类基因组编辑作为增加生殖选项技术的适用情形。本章还讨论了这些选项可行性的现有证据和认知水平。从这些分析得出以下关键信息。

### 2.6.1 对人类遗传学的认识限制了可遗传人类基因组编辑的潜在应用

对单基因疾病，如果可以准确而可靠地改变基因组，而不会给人类胚胎带来未可预期的改变，则能利用可遗传人类基因组编辑，将引起疾病的基因变异改为在人群中普遍存在的DNA序列，可以阻止疾病传给后代。人类许多疾病是多基因的，尽管单个因素的作用可能很小，疾病表型是多基因和外部因素之间复杂的相互作用的结果。现有的知识不足以利用可遗传人类基因组编辑去改变与发育风险相关的变异、多基因疾病，或者影响非疾病相关特征的变异。

### 2.6.2 可遗传人类基因组编辑可以为有遗传性疾病风险的准父母提供一个生殖选项

在某些情况下，可遗传人类基因组编辑可能是一对夫妇能够拥有一个与自己遗传学相关又不带致病基因的孩子的唯一选项，例如，一个准父母的某个隐性遗传致病变异是纯合的，或者一对准父母都是同型纯合子，或者突变发生在引起退行性疾病的同一基因的复合杂合子。

在其他所有情况下，一对夫妇会产生一些可能不携带遗传病基因型的胚胎，植入前遗传学检测为此提供了一个解决方法。植入前遗传学检测筛选致病突变的需求在增加。但是，植入前遗传学检测需要人力和财力成本，一些夫妇经历多轮筛选，仍无法获得一个孩子。尽管还需要更多当前植入前遗传学检测的使用率和失败率的数据，才能深入了解某一地区未满足的需求，以及未来对可遗传人类基因组编辑的潜在需求，基因组编辑也许可以增加可移植的胚胎数量以提升植入前遗传学检测的成功率。

### 2.6.3 当前可遗传人类基因组编辑技术仍不成熟

体外受精产生的受精卵（单细胞胚胎）的基因组编辑是目前最可能进行可遗传人类基因组编辑的途径，但目前胚胎基因编辑的效率和特异性不适合人类临床应用。在将编辑诱导的断裂引入基因组后，没有程序来充分控制胚胎DNA修复的结果，而且目前的分析方法也不足以在临床上对中靶和脱靶事件以及镶嵌现象提供必要的评估。避免产生双链DNA断裂的基因组编辑方法同样受到这些不利的影响。这些都需要进一步优化基因组编辑方法，了解受精卵基因组编辑的可行性和局限性。这项研究必然涉及人类胚胎的使用，因为不同细胞类型使用的DNA修复机制存在差异，并且在早期发育过程中存在重要的物种特异性差异，这限制了研究中模型生物和其他人类细胞类型的使用。

在用来诱导获得雄性和潜在雌性配子的干细胞中进行基因组编辑，为可遗传人类基因组编辑提供了一种理论上的替代方法。这种细胞可以通过细胞培养维持和检测，但这些方法本身会引起新的技术、伦理和社会方面的考量，在用于可遗传人类基因组编辑之前，必须在给定的监管框架内获准作为辅助生殖的手段。

### 2.6.4 需要有知情同意和监督的计划

可遗传人类基因组编辑的任何临床应用都需要获得知情同意，以及对基因组编辑方法的效果进行长期监测的详细计划。对于获得参与生殖干预的临床试验父母的知情同意，以及获得参与后期监测和评估的父母和孩子的知情同意等已有既定的方案和法律认可的方法。同样，对于使用新型辅助生殖技术出生的人的生理和心理发展，也有长期监测及评估的方案。可遗传人类基因组编辑可以借鉴这些方案，尽管具体细节还需要适应其临床应用的内容，由于干预的性质和遗传学改变的可遗传性，可遗传人类基因组编辑提出了一些特殊的考虑因素。

### 2.6.5 需要解决科学和技术认识方面的差距

基因组编辑工具能够有效地进行有针对性的 DNA 序列修改，原则上可以应用于可遗传人类基因组编辑。然而，在考虑可遗传人类基因组编辑的任何临床应用之前，需要解决科学和技术知识方面的差距，这些差距包括以下方面。

#### 2.6.5.1 对人类遗传学认识的不足

人类大多数疾病和缺陷的疾病风险受多个基因影响，而且在人类中也发现许多对表型尚未有确切影响的遗传变异。现有的知识不足以预测在这些情形下改变基因的影响。即使是单基因疾病，在基因组编辑之前也必须有确凿的证据证明基因变异是致病原因。遗传背景对特定疾病相关变异的影响也缺乏理解，在某些情况下遗传背景可以改变疾病的风险或临床严重程度，这会使可遗传人类基因组编辑潜在风险和受益分析更加复杂化。

#### 2.6.5.2 对基因组编辑技术认识的不足

目前尚不清楚基因组编辑在模式系统中应用的结果，如在人的体细胞和胚胎干细胞及在其他动物系统中，能够多大程度预测修正胚胎中特定突变的效率或效果。此外，控制胚胎中的 DNA 修复过程是困难的，因为常有非同源端连接产生的复杂缺失。Cas-gRNA 新的系统和方法（如 prime editing，一种“搜索和替换”的基因组编辑技术）尚未在胚胎中广泛测试。

#### 2.6.5.3 对基因组编辑在人类胚胎应用的影响认识不足

缺乏对意外的基因改变影响后期发育和长期健康的认识，包括靶标和脱靶的。尽管基因组编辑用于制造小鼠和其他生物时，它们看起来发育正常，但需要制定适用于人体编辑临床前验证的方案。这就需要确定：①实现所需靶标编辑的效率；②发生非预期编辑的频率，包括非同源末端连接、同源定向修复、染色体易位，以及由于编辑而导致大基因组缺失或重复发生的绝对和相对频率；③嵌合胚胎出现的频率。这可能需要进一步了解 DNA 修复过程在生殖系细胞、受精卵和早期胚胎中如何起作用、最终的结果如何取决于引入编辑试剂的时间，以及什么形式的 DNA 模板和递送方式最有效。

### 2.6.5.4 对基因组编辑在干细胞来源的配子中的应用前景认识不足

动物模型研究表明基因组编辑可用在配子前体细胞，产生能够获得健康胚胎而无致病基因的雄性配子，这比得到雌配子有更可见的前景。体外利用干细胞获得配子，如果成功，将为大多数的可遗传人类基因组编辑应用场景提供一个替代方案。但这种技术对于可遗传人类基因组编辑同样需要科学和社会方面的仔细考量。

**建议 1：**除非可以明确地确定在人类胚胎中进行有效且可靠的精准基因组改变而不会发生不良改变成为可能，否则就不应尝试使用已进行基因组编辑的人类胚胎来建立妊娠。达不到这些评判标准，就需要进一步研究和审查。

除了技术上的考虑，允许使用可遗传人类基因组编辑的国家将需要解决技术科技所带来的更广泛的问题，这应该包括该国司法管辖下的广泛的讨论参与，详见第 5 章。

**建议 2：**在某一国家做出是否允许临床使用可遗传人类基因组编辑（HHGE）的决定之前，应进行广泛的社会对话。HHGE 的临床应用不仅会引发科学和医学方面的问题，还会引发超出委员会职责范围的社会和伦理问题。

# 第 3 章　可遗传人类基因组编辑的潜在应用

第 2 章讲了目前通过辅助生殖可以实现的目标，以及利用基因组编辑阻止遗传病传播的科学现状，并得出结论：科学知识方面存在着重大差距需要填补，并且这个差距应在可遗传人类基因组编辑（HHGE）被认真考虑作为临床选项之前填补。第 3 章通过定义可靠的临床转化途径评估 HHGE 的潜在用途（如果一个国家选择这样做）。在阐述了 HHGE 潜在危害、受益以及不确定性相关的一般考量之后，第 3 章概述了 HHGE 可被考虑使用的六大类情况，并描述了与每类情况相关的遗传学和临床考量。最后列出了委员会得出的，可遗传人类基因组编辑可靠的转化路径，并解释为什么当前不能明确其他类潜在应用的转化路径。

## 3.1　定义可遗传人类基因组编辑的合理用途

关于 HHGE 临床应用的决定涉及一些复杂的问题，是史无前例的，因为：潜在的、可被编辑的人类基因组范围是巨大的（从纠正已知致病突变到插入新的基因或调控元件）；可能影响多代人；有一天可能会发现其潜在应用目的是广泛的，从帮助目前没有希望拥有一个遗传相关且不受严重疾病影响的孩子的准父母，到极端情况下的用于人类优生改造计划。此外，可能受到潜在受益和伤害的人群范围是广泛的，包括准父母、他们的后代、遗传这些改造基因的后代，甚至整个社会。

可遗传人类基因组编辑的临床使用需要解决两个问题：①一个国家决定 HHGE 的临床使用是否适用于任何合理的目的，如果是，有哪些目的；②如果目的合理，如何定义一个可靠的转化路径以评估其有效性和安全性。

第一个问题涉及社会价值观，包括伦理、文化、法律和宗教等方面的考虑，并应以科学知识为依据。决定是否允许临床使用 HHGE 将涉及权衡深层次关切的问题和责任［从改变人类 DNA 的恰当性（某些人认为这是人类的根本）到广泛操纵人类基因组对人类社会产生的最终冲击］，以确保人类能够从科学知识和医学进步中获益。可遗传人类基因组编辑是否适当，可能取决于该技术能满足迫切需求的程度。由于认识到许多夫妇强烈希望有一个与父母双方都有遗传关系的孩子，催生了使用 HHGE 作为辅助生殖技术，从而协助高危夫妇生下遗传相关的孩子又不遗传严重疾病（Rulli，2014；Hendricks et al.，2017；Segers et al.，2019）。相反，出于不同的动机使用 HHGE 来“增强”人类的想法，会引来臭名昭著的人种改良学的严重问题。因此，对 HHGE 的考量需要仔细调研社会性决策——能否以及何时跨过界限，这虽然以科学认知为依据，但仍然依赖价值判断。尽管这很重要，但这些考虑还是远远超出了本委员会的职权范围。

第二个问题则是本委员会任务的核心：确定可靠的 HHGE 特定应用的转化途径，供国家判断其用途是否合适。确定可靠的转化途径显然涉及科学考虑，但它也涉及权衡潜在受益和危害相关的社会及伦理考虑，以及它们在新的医疗技术临床评估中的不确定性。值得注意的是，委员会的任务声明要求同时考虑研究和临床问题，以及“与研究和临床实践密不可分的社会和伦理问题”。

下文中，本委员会审议了一些情况，认为目前这些情况下，可以为 HHGE 的初步临床应用定义出一个可靠的转化途径，前提是国家允许。超出这些初始应用的决定将取决于从最初使用经验中得到的科学结论、合理性方面的社会决策，以及可靠转化途径的定义。

## 3.2　为可遗传人类基因组编辑初始应用确定可靠的转化途径的标准

在人类最初使用新的生物医学技术时，有许多共同的考虑因素：安全优先；谨慎选择少量的病例；强调风险和潜在受益的良好平衡；在进一步使用前仔细审查初步结果。新的疾病干预措施的疗效必然具有高度的不确定性，主要考虑用于没有其他治疗方法可选的患者、死亡率高和（或）发病严重的疾病或情况，从而反映出潜在危害和受益的最佳平衡。当满足这些条件时，在知情同意程序后，可以为候选者提供首次在人类使用的机会。

安全优先、风险与受益的平衡、以及没有其他疗法可选，这三个考量适用于 HHGE 的初始应用，还有另外两个伦理问题，也进一步支持了需要对这三个方面进行关注。首先，因为 HHGE 将作为一种生殖技术，就像使用任何辅助生殖技术（ART）一样，准父母可以提供知情同意，但是由该技术而产生的个体不能提供。其次，HHGE 将创建一个可遗传的基因改变，可以传递给后代。这些考量汇总为下文标准。

委员会的做法也从评估线粒体置换疗法（MRT）最初在人类使用的可接受性和考虑分析中（例如，Nuffield Council on Bioethics，2012；HFEA，2016；NASEM，2016；Bioethics Advisory Committee，Singapore，2018）得到启示。虽然与 HHGE 相比，MRT 技术潜在应用范围更有限，但它提供了一个有用的起点，它也是能够创造可遗传基因变化的一种新型辅助生殖技术，从而帮助父母可以拥有一个与自己遗传相关而不遗传疾病的孩子。有一项美国国家科学、工程与医学研究院的研究，通过研究“优先权衡因使用 MRT 而出生的儿童可能承担的重大不利后果，和希望通过细胞核 DNA 获得有遗传关系孩子的家庭受益之间的平衡”得出结论，“在评估 MRT 的风险和受益平衡时，首先需要考虑最小化其对出生孩子带来的伤害”（NASEM，2016，p.115-117）。此外，英国仅在植入前遗传学检测（PGT）显示准父母不太可能获得一个没有严重线粒体疾病的孩子时，才允许考虑 MRT，而且要在非常严格的监管下（关于英国 MRT 管理监督和许可制度的进一步细节见第 1 章）。

委员会将这些一般性考虑进一步提炼，从而为 HHGE 的任何初始应用开发转化途径提供指导。

1）*安全第一* 所有考虑都应支持确保 HHGE 初始应用的最高安全级别的需要。作为一种 ART，HHGE 可以创造出没有特定遗传病的人（这和 PGT 一样），而不是治疗患病的人[①]。因此，HHGE 的初始临床应用可接受的安全级别应大大高于体细胞基因组编辑。

2）*潜在危害和受益的最佳平衡* 为了达到潜在危害和受益的良好平衡，由于新型干预措施的不确定性，主要用在特定疾病和没有其他选择的准父母，以及死亡率高和（或）发病严重的疾病或状况。用病情严重程度作为医疗干预的标准在法律、条例和政策中很常见（Wertz and Knoppers，2002；Kleiderman，Ravitsky and Knoppers，2019），疾病的严重性目前也是使用其他防止遗传性疾病传播的辅助性生殖技术（如 PGT 和 MRT）中考虑的中心问题。虽然临床表现“严重”的含义还没有统一的定义，但这个概念往往应体现疾病影响是剧烈的、危及生命的或导致严重损害的。就 HHGE 应用而言，委员会对“严重疾病”在后文（3.4 节）进行了分类定义。

3）*最大限度地减少预期编辑造成的潜在危害* 无论是对直系后代还是可能被遗传的子孙后代而言，为了确保计划中的编辑不会有意料之外的有害后果（通过与他人的基因相互作用，或通过环境相互作用），充分了解计划中的基因组编辑结果非常重要。目前，实现这一目标的最佳方法是，将已知单基因疾病的致病性基因变体，编辑为在人群中很常见并且已知不会致病的序列。

4）*最大限度地减少意外编辑造成的潜在危害* 尽可能减少伤害可能性，重要的是尽量减少意外的靶标和脱靶编辑的机会，这可能会传给后代，还要减少编辑过程中可能会影响胚胎的生存能力或发育潜能的间接影响。

5）*没有受益前景时应该阻止基因组编辑来减少潜在的危害* 对于绝大多数有遗传病传播风险的准父母来说，他们中只有一小部分后代会遗传这种疾病（通常是 25% ～ 50%）。确保个体不是通过对未携带致病基因的受精卵或胚胎进行基因组编辑而产生，这点非常重要，因为这样的个体会暴露于 HHGE 带来的风险，却没有从中受益。

---

[①] 在临床上，一般是通过比较治疗前后个体的健康状况来了解伤害的性质和程度。在评价诸如 HHGE 的 ART 的潜在危害时，应该包括这种比较，即给定胚胎在基因组编辑之后出生的个体，与相同胚胎移植但未进行基因组编辑情况下出生的个体之间预期健康的比较。委员会认识到这引起了一些哲学上的问题，但认为“伤害”一词直观地反映了这样一种观点，即由 HHGE 出生的个体可能在某个时候受到编辑过程的无意和负面影响。

6）除 HHGE 技术之外，使父母获得遗传相关但不受特定疾病影响的孩子的其他选项的可及性　一个关键的考虑是，准父母是否已经有合理的选择去孕育一个与自己遗传相关而不遗传严重疾病的孩子。为了最大限度地提高潜在受益、减少潜在危害，初始应用的适用范围应限制为没有其他可选方法的准父母。

## 3.3　可遗传人类基因组编辑可能用于初始用途的标准

根据上述原则，委员会确定了四个建议，如果一个国家选择允许，则任何提议的 HHGE 初始用途都应满足这些标准。这些标准共同强调了所产生个体的安全性、潜在危害和收益之间的可接受的平衡：

（1）HHGE 的使用仅限于严重的单基因疾病；委员会将严重的单基因疾病定义为导致严重的发病率或过早死亡的单基因疾病；

（2）HHGE 的使用仅限于，将引起严重单基因疾病的已知致病基因，变异更改为相关人群中常见且已知不会引起疾病的序列；

（3）没有致病基因型的胚胎将不应接受基因组编辑和转移的过程，以确保没有任何经编辑的胚胎生成的个体暴露于 HHGE 的风险中，而没有任何潜在的益处；

（4）HHGE 的使用仅限于准父母处于以下情况：①没有其他选择可以获得遗传相关且不带严重单基因疾病的孩子，因为在没有基因组编辑的情况下，他们所有胚胎都受遗传影响；②他们的选择非常少，因为未受影响的胚胎预期比例异常低，委员会将其定义为 25% 或更少，并且已经尝试了至少一个 PGT 周期而没有成功。

委员会得出结论：可靠的 HHGE 初始应用的转化途径，需要满足所有这四个标准。

为了在 HHGE 的任何具体临床应用建议中实施这四个标准，需要对潜在风险和益处进行逐案评估，并且应在适当的监管下进行。

## 3.4　可遗传人类基因组编辑的用途类别

为了在实践中应用这些标准，本节概述了可能的 HHGE 应用类别。委员会为 HHGE 的潜在应用确定了六大类别，该分类取决于疾病的性质、遗传模式和其他标准[①]。每个类别下引用的特定疾病仅作为示例。

---

[①] 有人建议，HHGE 可用于增加产生“救命手足”的机会（该儿童与需要器官或细胞移植的现有儿童相适应，具有免疫学意义，如第 2 章所述）。委员会不进一步讨论这种可能性，因为它不满足委员会最初使用的四个标准中的两个：① HLA 基因座的基因组编辑不符合改变已知致病基因序列的前提情况（从技术上讲，它非常具有挑战性，需要编辑多个基因）；②救命手足将承受 HHGE 的风险，但利益将归于其他人。

### 3.4.1　A 类：所有儿童都将遗传该疾病基因型的严重单基因疾病

**疾病**　严重的单基因疾病，高外显率。

**基因组编辑**　将特征明确的致病变异体更改为相关人群中常见的非疾病序列。

**情况**　所有孩子都将遗传致病基因型的夫妇。这些情况包括：

- 常染色体显性疾病。如果一位父母携带两个致病等位基因（受影响的纯合子）[①]，则所有孩子都将遗传致病基因型。
- 常染色体隐性疾病。如果父母双方都在同一基因（受影响的纯合子）中携带两个致病等位基因，则所有子女都将遗传致病基因型。
- X 连锁隐性疾病。如果准母亲携带两个致病等位基因（受影响的纯合子），而准父亲在他唯一的 X 染色体（受影响的半合子）上携带一个致病的等位基因，则所有后代都会受到影响。

这种情况很少见，原因有两个。

从概率的角度来看，这种情况涉及夫妇携带的致病等位基因比普通夫妇多。可能出现以下情况：某种疾病的发生频率异常高，导致种群突变，近亲夫妇的流行率高（血缘关系），或者患有该疾病的个体有相互吸引和繁殖的倾向（分类交配）。本章稍后将详细讨论 A 类情况的普遍性。

从医学的角度来看，此类情况仅适用于少数情况。由于这种情况涉及一方或两方父母都患有疾病，因此仅出现在那些能适应疾病并存活至生育年龄且保持生育力的严重单基因疾病个体中。

可能导致此类情况发生的严重单基因疾病的例子包括常染色体显性疾病（如亨廷顿病）及常染色体隐性遗传疾病（如囊性纤维化、镰状细胞贫和 β 地中海贫血）。

**注意事项**　该类别在两个重要方面具备独特性。首先，对于这一类夫妇，产前诊断和植入前基因检测可以鉴定未遗传致病基因型的胎儿和胚胎，但他们没有鉴定出未受基因影响胚胎的机会。其次，面临与基因组编辑程序有关的风险的胚胎，只有那些携带严重单基因疾病致病基因型的胚胎。这与下面的 B 类情况形成对比。

---

① 如果两个致病突变相同，则携带两个致病等位基因的个体被称为纯合子；如果两个致病突变不同，则被称为复合杂合子。除了第 2 章对复合杂合子中编辑多个等位基因的额外复杂性的讨论之外，对于本章而言，这种区别并不重要，并且将在全文中使用术语“纯合子”。

### 3.4.2 B 类：一对夫妇的孩子中，有一些（但不是全部）会遗传致病基因型，罹患严重的单基因疾病

**疾病**　严重的单基因疾病，高外显率。

**基因组编辑**　将特征明确的致病突变改变为相关人群中常见的非致病 DNA 序列。

**情况**　某些孩子可能会遗传致病基因型的夫妇。典型的情况是：

- 常染色体显性疾病。如果父母一方携带一份致病等位基因（受影响的杂合子）的副本，则平均有 50% 的孩子会遗传引起疾病的基因型，而 50% 的孩子则不会遗传。
- 常染色体隐性疾病。如果父母双方都是致病等位基因的杂合子携带者，那么平均有 25% 的孩子会遗传导致基因型的疾病，而 75% 的孩子不会遗传。
- X 连锁显性疾病。如果母亲对导致疾病的等位基因是杂合的，则所有孩子中平均有 50% 会遗传导致疾病的基因型。
- X 连锁隐性疾病。如果母亲是杂合子携带者，而父亲不携带致病等位基因，则平均 50% 的男性后代会遗传致病基因型。50% 的女性后代将是杂合子携带者，并且通常不会受到临床影响，但有时会因遗传上未受影响的 X 染色体的倾斜失活而导致异常，从而导致女性具有不同的疾病表现。

在极少数情况下，受影响的后代预期比例可能更高。如果父母双方对于常染色体显性疾病的致病等位基因都是杂合的，那么平均有 75% 的孩子会遗传致病基因型。如果一个父母是常染色体隐性遗传疾病的受影响纯合子，而另一个是杂合子携带者，则预计 50% 的孩子会遗传致病基因型。预计这些情况将在具有“奠基者效应”的人群中更频繁地发生，在这些人群中，当代人群是由少量的创始人群衍生而来的，从而导致等位基因多样性的减少，特别是引起疾病的等位基因在人群中出现的频率较高。

B 类夫妇比 A 类夫妇更为普遍，这有两个原因。从概率的角度来看，B 类通常涉及携带给定疾病的一个而不是两个致病等位基因的个体。从医学的角度来看，B 类比 A 类包含更多的疾病。由于 B 类的父母在常染色体和 X 连锁隐性疾病的情况下可能是不受影响的携带者，因此该类别包括数千种严重隐性和 X 连锁疾病。相比之下，由于 A 类仅涉及受影响的父母，因此它仅包括严重疾病的一小部分，对于这些疾病，受影响的个体可以存活到生育年龄。

属于 B 类的夫妇占所有生育夫妇的比例较高。据世界卫生组织估计，单基因疾病占全球出生人口的 1%（WHO，2019b）。这些案例中只有一部分属于 B 类，因为某些单基因疾病不符合委员会所定义的 HHGE 可靠的转化途径涵盖的严重疾病，并且一些夫妇不是因为遗传突变而是因为新出现的突变（新生）而影

响了孩子，根据定义，这种情况无法在父母中预先鉴定。委员会估计 B 类至少占所有夫妇的 0.1%，估计全世界有超过 100 万对夫妇。

尽管大多数癌症是由体细胞突变引起的，但有些个体由于具有高渗透性的单个突变而患有遗传性癌症，在某些情况下，可以通过手术切除目标组织或器官来预防。例如，不进行手术切除结肠的情况下，家族性腺瘤性息肉病实际上具有 100% 的外显率。在外显率很高的情况下，此类癌症综合征可被视为严重的遗传性疾病。其他遗传性癌症综合征的外显率较低，在评估潜在危害和益处时需要考虑其他因素。此外，其他遗传变异可能对癌症风险的贡献有限，如以下 C 类或 D 类所讨论。

**注意事项**　B 类在两个重要方面与 A 类不同。

首先，如目前所设想的，HHGE 的应用将涉及在单细胞阶段治疗所有合子，无论其基因型如何。因此，B 类将使所有胚胎面临与基因组编辑程序有关的风险，包括不携带疾病基因型且因此不需要基因组编辑的胚胎。下面讨论了避免编辑未受影响胚胎的 HHGE 应用的可能替代方法。

其次，B 类夫妇目前有其他选择，可以拥有一个未受影响并与父母双方遗传相关的孩子，即通过 PGT 筛选胚胎。该方法受到的限制是胚胎数量而不是可行性。对于任何给定的夫妇来说，通过 PGT 成功生育子女的概率通常要比体外受精（IVF）低。如第 2 章所述，大约 80% ～ 90% 的 PGT 周期至少会得到一个未受影响且达到诊断阶段的胚胎，能够用于植入子宫。其余 10% ～ 20% 的 PGT 周期无法得到未受影响的胚胎，有些夫妇即使经过几个 PGT 周期（尤其是那些只能收获少量卵子的准妈妈），也可能无法获得未受影响的胚胎。

有报告提出，如果 HHGE 具备高效性和安全性，则可以通过增加可用于植入子宫的未受影响的胚胎比例，来帮助某些夫妇（那些目前只有少量未受影响胚胎的夫妇）。但是，这种结果尚不确定，因为 HHGE 涉及的其他实验室过程，可能会降低可用于移植的高质量胚胎的产量。

### 3.4.3　C 类：严重程度比 A 和 B 类低的其他单基因疾病

**疾病**　与 A 和 B 类相比，影响较轻的单基因疾病或缺陷。

**基因组编辑**　将特征明确的致病变异体更改为相关人群中常见的非疾病或非缺陷序列。

**情况**　此类别涉及准父母所有或某些自然受孕的孩子都会遗传导致单基因病状的基因型。

例如，家族性高胆固醇血症（FH）是由编码低密度脂蛋白（LDL）受体的基因突变［或其他几个基因（如 *APOB* 和 *PCSK9*）的突变］引起的，并能以杂合或纯合形式发生。杂合 FH 是一种相对常见的遗传病（概率约为 1/250），会导致

LDL 胆固醇水平升高，从而导致早期心血管疾病和死亡。此外，通常可以通过药物有效降低这些人的 LDL 水平，从而大大降低心脏病发作的风险、生存质量下降的风险和过早死亡风险。相比之下，纯合子 FH 很少见（全球频率为 1/160 000 ～ 1/300 000，但在 FH 原始突变人群中会略高），导致极端形式的高胆固醇血症，难以治疗，尽管正在开发新的治疗方法以便能有效治疗这些患者，但它引起的心脏病通常会影响寿命（Cuchel et al.，2014）。在父母双方均携带引起疾病的 FH 等位基因的情况下，使用 HHGE 属于 B 类。当只有一位父母是携带者时，该病例就属于 C 类，因为只会产生杂合子或未受影响的胚胎。

第二组示例涉及可能影响个人生活质量的基因型，但不属于委员会所定义的严重单基因疾病（导致严重发病或过早死亡的疾病）。遗传性耳聋就是此类例子。虽然一些聋哑人认为聋哑严重影响生活质量，是应该避免的状况，但其他人并不赞同（Padden and Humphries，2020）。本委员会认为，国家为耳聋之类的情况考虑基因组编辑的应用，会引发许多复杂的问题，这些问题已超出本报告的范围。

**注意事项**　尽管类别 B 和类别 C 均包含单基因疾病，但与类别 B 相比，类别 C 的疾病发病率和过早死亡的风险较低，并且可以通过相对简单的医疗或生活方式等干预措施来减轻。

### 3.4.4　D 类：多基因疾病

**疾病**　多基因疾病，由大量遗传变异导致疾病风险，这些变异共同对疾病的发生或严重程度具有实质性（尽管不是决定性的）影响。

**基因组编辑**　将与该疾病高风险相关的一个、几个甚至大量的遗传变异改为与该疾病低风险相关的常见替代变异。

**情况**　罹患常见疾病的风险受许多遗传变异（通常数百种或更多种），以及与统称为环境的非遗传因素（可能包括饮食、病原体暴露、运动等）相互作用的影响。这些遗传变异中的大多数是对疾病风险影响很小的普通等位基因（将风险降低到 1.1 倍以下），尽管一些常见变异对这种风险有相对大的影响，而某些基因中的罕见等位基因可能对常见疾病风险具有很大的影响。这些风险变体的综合作用通常是累加的，尽管有时可能存在遗传相互作用（即一个变体的存在可能会改变另一变体的作用）。

D 类的例子包括许多常见疾病，如 2 型糖尿病、心脏病和精神分裂症，尽管可能会发生罕见的孟德尔形式的常见疾病。对于常见的多基因疾病，通常预期改变单个遗传变异对疾病风险的影响可忽略不计。一个值得注意的例外是 *APOE* 基因的 E4 等位基因：60 岁以后，罹患阿尔茨海默病的风险每十年都会增加，但风险增加的速度会根据个体是否携带、携带一个或两个 E4 等位基因而增速更快

(Rasmussen et al，2018)。即使这样，*APOE* 基因也只能解释阿尔茨海默病患病风险的一小部分（60 ～ 69 岁开始，绝对危险度约为 5%；而在 80 岁以后，则为 15% ～ 20%)。

**注意事项** 现有科学认知表明，通过基因组编辑来改变与某种多基因疾病相关的一个或多个基因变体将不太可能预防这种疾病，并且可能具有不良影响，因为靶向的等位基因可能在其他关键的生物学功能中起重要作用，并且还可能与环境相互作用。而且，未来可能会有更好的方法，可以使患病风险最小化或有助于病后管理。

### 3.4.5 E 类：其他应用

**疾病** 此类别不涉及遗传性疾病。相反，它涉及针对其他目标的遗传变化，这些目标可能与健康有关，也可能与健康无关，并可能涉及在人类群体中引入非自然发生或罕见的遗传序列。

**基因组编辑** 遗传变化范围从单碱基替代到新基因的引入或现有基因的失活。

**情况** HHGE 的应用范围很广，从尝试预防或保护传染性疾病，到增强人类正常特征的遗传改变，再到引入赋予新生物学功能的基因。所有这些应用都引发了科学、社会和道德问题，在现有的科学认知范畴，这些问题是无法解决的。举例包括：

- 试图通过编辑某个基因来为后代提供对传染性疾病的抗性，例如，使 *CCR5* 基因失活并赋予对 HIV 感染抗性的尝试；
- 试图通过引入已知或认为与所需表型相关的特定基因的稀有等位基因，在后代中产生某种能力。例如，有人提出对 *EPO* 基因进行组成型激活以赋予其运动耐力的优势（Brzeziańska et al.，2014)；
- 尝试修改受整个基因组数百或数千个遗传变异影响的特征，如身高或认知能力；
- 尝试通过添加一些基因来赋予人类未发现的新能力，例如，这些基因可能赋予个体在长时间太空飞行中遇到的辐射暴露的抵抗力。

**注意事项** 在上述情况下，都无法完全评估 HHGE 对儿童、成人及后代的潜在影响。例如，很明显，*CCR5* 功能纯合性丧失可部分保护机体免受 HIV 感染，但这种丧失可能会增加其他发病风险。而且，现在已有有效预防和治疗 HIV 感染的方法。同样，由于促红细胞生成素的组成型表达，红细胞的终生增加可能会增加耐力，但也可能会终生增加血栓形成的风险。由于这些原因，在这些情况下的利弊比是不确定的，并且在许多情况下可能非常低。

除了这些科学和临床上的复杂性之外，这个类别中的干预当然还有许多伦理和社会障碍。任何将来采取此类干预措施的理由都需要在科学和社会认可上达成共识，即可以评估此类变化的长期影响，以及社会对此类干预措施的可接受性。

### 3.4.6　F类：导致不育的单基因疾病

一种可以使用基因组编辑的特殊类别是，治疗来自现有个体的种系细胞（或其前体），以单基因原因逆转不育症。在这种情况下，基因组编辑改变基因的序列以恢复生育力。尽管A～E类别中的HHGE并非针对患有疾病的现有个体提供治疗，而是一种辅助生殖的形式，但F类的独特之处在于，遗传改变的预期受益者将是现有的个体（不育的准父母），并带来额外的影响，即编辑后的基因组将被遗传给后代。

到目前为止，该类别仍然是理论假说，因为除了基因组编辑的问题外，目前尚不可能从人干细胞中生成功能性配子。在考虑临床应用之前，该领域的任何发展都将要求监管部门批准一系列相关的生殖技术。

## 3.5　能够定义可靠转化途径的情况

委员会考虑了以上类别中的情况，这些情况可以满足本章前面概述的四个标准，目前可以针对这些标准描述可靠的转化途径。根据这些分析，委员会得出结论：在满足某些既定条件的情况下，HHGE的初始应用必须限制在A类以及B类的很小一部分中。本节依次讨论类别A～F。

### 3.5.1　A类

A类显然满足HHGE初始使用的四个标准：①该类涉及严重的单基因疾病；②基因组编辑针对引起严重单基因疾病的已知致病突变体，将其更改为相关人群中通常携带的序列；③由于夫妇双方的所有胚胎均携带致病基因型，因此没有任何经编辑胚胎长成的个体暴露于HHGE的潜在危害而没有潜在收益；④该类夫妇目前没有其他选择来生育没有这种疾病且遗传相关的孩子。

### 3.5.2　B类

总体而言，B类不适合HHGE的初始应用，因为它目前不符合第三项标准，并且大多数夫妇都不符合第四项标准。与A类的主要区别在于，B类的夫妇可以生出不遗传致病基因型的孩子（在典型情况下，平均至少一半的概率）。关于第三项标准，目前设想的HHGE将涉及对所有合子（包括那些有致病基因型和没有致病基因型的合子）进行基因组编辑程序，因此将导致衍生自胚胎的孩子在出生时就已经不必要地暴露于基因组编辑的潜在危害中。关于第四项标准，绝大多数夫妇已经有了可行的选择（PGT），可以生出没有遗传病且遗传相关的孩子。如前文所述，PGT 周期的绝大部分（80% ～ 90%）情况，至少可以获得一个未受影响的胚胎，并达到诊断阶段，可以移植到子宫。B 类中的 HHGE 的主要目的在于帮助那些因为可用于移植且未受影响的胚胎很少，拥有未受影响的孩子成功率低的夫妇。

经过广泛讨论，委员会得出结论认为，HHGE 的初始使用可能在某些情况下适用于非常小的 B 类子集。

首先，需要开发可靠的方法，在理想情况下，进行 HHGE 之前就鉴定出携带致病基因型的胚胎，以确保任何从胚胎中产生的个体没有经历不必要的 HHGE 操作。一种方法可能是使用极体基因分型，它有可能鉴定出从母亲那里遗传了导致显性单基因疾病等位基因的受精卵（见第 2 章）。为此需要确立极体基因分型的可靠性。这些受精卵可以先接受 HHGE，然后接受 PGT，而其他受精卵可以接受标准 PGT。另一种方法可能是开发在多细胞胚胎上进行 HHGE 的可靠程序，而不会因编辑产生镶嵌胚胎。这种方法将能够在递送编辑试剂之前确定胚胎的基因型。但是，目前尚无此类操作程序[①]。

其次，初始使用应仅限于那些通过常规 PGT 来获得未受影响的孩子的可能性极低的夫妇。委员会将这样的夫妇定义为：①未受影响的后代的预期比例为 25% 或以下的夫妇（例如，父母双方均因相同或不同的显性严重单基因疾病而杂合的夫妇）；②经历了至少一个 PGT 循环而没有成功，因为大部分夫妇可以产生足够的胚胎，用以得到适合移植而无需编辑的未受影响的胚胎。

为了满足所有四个标准，B 类中 HHGE 的任何初始使用应限于这些情况。

### 3.5.3 C 类至 F 类

C 类涉及影响较小的遗传疾病，可以使用其他方法治疗控制，并且可能不会被受到该疾病影响的群体成员视为对生活质量的负面影响。在对 HHGE 的安全性和功效有了更多了解之前，尚不清楚潜在的益处是否大于潜在的危害。出于谨慎的考虑，在这一类别中，不应在人类首先使用。

D 类（多基因疾病）和 E 类（不针对遗传性疾病变异的基因变化，可能涉及人类群体中不自然发生的遗传序列，以及可能被视为机能增强的用途），目前不适合 HHGE。科学的认知和现有技术尚不足以产生可预测的、特征充分的结果，包括在遗传和环境中一系列的相互作用，以及如何将未知和投机风险的影响降至最

[①] 从理论上讲，还有第三种方法，即对所有受精卵进行 HHGE，随后通过 PGT 识别在基因组编辑之前没有致病基因型而因此不必接受 HHGE 的那些胚胎（因为 HHGE 靶向于引起疾病的突变，这就需要在突变的每一侧对足够多的多态位点进行基因分型，以区分每个亲本中的两个单倍型），并确保这些胚胎不被移植。但是，因为它需要认可丢弃适合转移的胚胎，许多委员会成员认为这种方法是有问题的，在事实上，它们已经不必要地经受了 HHGE 的潜在伤害。

低。此外，这些用途还会引起更多的社会和道德关注。

目前，F类（导致不育的单基因情况）仍是推测性的，因此无法确定可靠的转化途径。由于尚未开发出干细胞衍生的人类体外配子发生技术，且未被批准用于医疗用途，因此现在考虑将其与HHGE结合使用还为时过早。

### 3.5.4　可遗传人类基因组编辑初始应用的可靠转化途径的情况

综上所述，委员会得出结论，对HHGE初始应用的可靠的转化途径应明确：

（1）可以定义为A类；

（2）针对B类中极少数的子集而定义，这些子集由于遗传情况（通过胚胎不遗传致病基因型的概率为25%或更低）、通过PGT成功的可能性很小、已经尝试了至少一个PGT周期未成功，但前提是要建立可靠的方法来确保没有个体因不必要的HHGE胚胎而产生；

（3）当前无法为其余B类或C～F类进行定义。

如前所述，任何情况下在临床上使用HHGE之前，必须证明是一种安全有效的方法，并且任何提供HHGE的国家都必须有适当的监管框架进行监督。在上述情况以外的其他情况下，超范围使用HHGE临床用途之前，应组成适当的国际机构评估是否可以以及在何种情况下能够定义可靠的转化途径。

## 3.6　可遗传人类基因组编辑进入初始临床的情况有多少发生率？

接下来委员会要考虑的是上文提及的，可遗传人类基因组编辑初始应用情况的频率，以确定是否可能有足够数量的合适夫妇来进行初步研究，以评估疗效和安全性，我们认为大约为10～20对夫妇。我们的分析表明，应该有足够数量的准父母达到这一目标[①]。

如下所述，有望获得可遗传人类基因组编辑的准父母可能来自多个国家。观察结果增强了可遗传人类基因组编辑临床应用的全球协作价值。使用明确的机制将非常重要，例如建立国际联盟，并通过其找到潜在参与者，根据本报告中描述的转化途径进行基因组编辑干预以及评估临床结果。此类国际协调与合作是有先例的，如国际罕见病研究联合会会（Lochmüller et al.，2017），其工作包括临床试验的全球协调。

---

[①] 这些初始研究将评估编辑的安全性和有效性，以及成功怀孕的可能性。这将为进一步的研究提供重要信息，分享关于这些结果的信息是至关重要的。如果这些研究没有引起对HHGE技术的安全性或有效性的关注，那么就需要更大的研究规模来评估那些基因组被编辑的个体的长期结果。

### 3.6.1 A 类情况的发生率有多少？

A 类的情况非常罕见。从少数没有选择的夫妇开始，仔细操作，并深入研究，适合于像 HHGE 这样的技术的初始应用。重要的是，要评估 A 类中是否有足够的夫妇可以从 HHGE 中获得潜在受益。如上所述，类别 A 仅出现在少数严重单基因疾病中，能够适应该疾病并存活到生育年龄、且有生育能力的个体。亨廷顿症、囊性纤维化、镰状细胞贫血和 β 地中海贫血都属于这种情况。

尽管也有少量报道，但类别 A 中实际的夫妇数量未知。群体遗传学基本原理可以对类别 A 中夫妇的频率提供初步的预期了解。在经典假设下，封闭随机交配群体（具体来说，个体从群体中选择伴侣，他们的选择与亲缘关系或疾病状态无关，疾病状态不影响生育能力），对于常染色体显性疾病 A 类夫妇的预期比例约为 $2q^2$，而常染色体隐性疾病的比例约为 $q^4$，其中 q 是致病等位基因的发生频率 [①]。

致病等位基因的频率因疾病而异，这取决于产生新致病等位基因的新突变的出现率，以及它们通过自然选择从人群中移除的比率。引起严重显性疾病的等位基因通常比引起隐性疾病的等位基因少见得多，因为后者只有在个体的两个染色体拷贝上都含有致病等位基因时才会受到负选择，而显性等位基因几乎总是处于负选择之下，因为只有一个突变拷贝就会产生疾病。一个基因中所有致病等位基因的集体频率（q）通常为 $4.5\times10^{-3}$（严重常染色体隐性遗传病）和 $2\times10^{-5}$（严重常染色体显性遗传病）[②]。根据这些数值，A 类夫妇因某一特定基因偶然发生的预期频率，隐性疾病的预期频率为 $4\times10^{-10}$，显性疾病的预期频率为 $8\times10^{-10}$，也就是说，对于任何给定的疾病基因，预期频率为每 100 亿对夫妇中有 4 ～ 8 对。如果这一类中有 100 个相似的基因，那么 A 类夫妇的总频率将高出 100 倍（大约每 1 亿对夫妇中有 4 ～ 8 对）。应用类似的推理，最近的一篇文章估计，在美国人口中，A 类情况下的出生人数将非常少（Viotti et al.，2019）。

在某些疾病等位基因频率高得多的人群中，A 类夫妇的实际频率预计会明显更高。对于隐性单基因疾病，3% ～ 10% 的等位基因频率对应于发生在 1/10 000 到 1/120 万之间的 A 类夫妇。在血缘结合率高的人群（遗传上关系密切的夫妇）和等位基因频率局部变异的人群中，纯合子的频率会更高，因此 A 类夫妇的预期频率也会更高。对于显性单基因疾病，等位基因频率在 0.1% ～ 1% 之间对应于纯合子频率在 1/10 000 到 1/100 万之间。

---

① 纯合子的频率为 $q^2$。对于常染色体隐性疾病，父母双方必须是纯合的（$q^2\times q^2$）。对于常染色体显性疾病，A 类夫妇中的任一父母都可能是纯合子（约为 $q^2+q^2$）。

② 在随机交配群体的突变选择平衡下，平衡频率 q 为 $(\mu/s)^{1/2}$ 代表一种隐性疾病；为 μ/s 代表一种显性疾病，在此处 μ 是新致病等位基因的突变率，s 是针对受影响基因型的选择系数。μ 的值取决于基因。文中引用的数字对应于“典型”人类等位基因新发功能丧失突变率 $\mu=10^{-5}$，选择系数 s=1/2。

另一方面，在估计 A 类夫妇的频率时，必须考虑到一些严重的单基因疾病缩短寿命或降低生育能力，一些常染色体显性疾病在纯合子中的疾病表现比杂合子更严重（Zlotogora，1997；Homfray and Farndon，2015）。

除了估计疾病等位基因频率外，另一个考虑因素是，对于某些隐性疾病，杂合子携带者在某些环境中受益。疟疾流行地区的镰状细胞贫血病就是这样。在这些地区，只有一个镰状细胞等位基因的人感染疟疾，死于疟疾的可能性较小（Archer et al.，2018）。

对于任何疾病，重要的是要考虑在技术上是否可以可靠地编辑致病突变。例如，亨廷顿病是由基因内三核苷酸重复数增加引起的。HHGE 需要将这些重复序列的数量减少到非致病水平，这在技术上比改变单个核苷酸更困难。或者，基因组编辑可用于引入非自然发生在人类群体中的序列（例如，终止密码子以使基因失活）；然而，我们的第二个标准（上文）将 HHGE 的初始应用限制在相关人群中常见自然发生的等位基因。

亨廷顿病和镰状细胞贫血的例子表明，即使在严重的单基因疾病中，受影响的个体存活到可以生育的年龄，也存在遗传和环境因素，使得分析 HHGE 潜在的危害和益处变得复杂。

### 3.6.2 A 类情况的潜在实例

关于 A 类育龄夫妇数量在文献中没有现成的实际数据。然而，如上一节所述，在随机交配的简化假设下，可以得出非常近似的估计数。估计表明，在疾病等位基因频率超过 3% 的人群中，隐性单基因疾病的 A 类夫妇可能出现有意义的频率，在血缘关系比率较高的人群中，这种频率甚至更高。此外，显性单基因疾病 A 类夫妇的数量将取决于致病等位基因纯合子频率，以及个体生育能力和生育意愿的高低。以下是一些例子，其中可能有相当数量的夫妇归属 A 类。

#### 3.6.2.1 全球范围的 β 地中海贫血

β 地中海贫血是一种常染色体隐性遗传的血液疾病，它会破坏血红蛋白的形成，并可导致严重的贫血和其他问题。不能产生功能性 β-珠蛋白（重型 β 地中海贫血）的患者需要定期输血；那些 β-珠蛋白产生功能显著降低的患者在一定范围内表现疾病的严重程度。如果得不到正规治疗，大部分地中海贫血患者可能在青春期死亡，但如果改善医疗保健水平，预期寿命可上升到 40 岁和 50 岁。导致地中海贫血的突变相对常见，估计全球约有 1.5% 的人是 β 地中海贫血的杂合携带者（即高达 8000 万人），地中海地区、中东、印度、东南亚和太平洋岛屿都是高携带率（De Sanctis et al.，2017）。例如，据估计，马来西亚人口中有 4.5% 是 β 地中海贫血携带者（George，2001），这表明等位基因频率为 2.25%。按大约 3200 万人口估算，该国大约有 10 对纯合子夫妇。在印度，携带率估计在 3% ～ 4% 之间（Sivasubbu and Scaria，2019），表明等位基因频率为 1.5% ～ 2%。这表明在大约 13.5 亿人口中，可能有 70 ～ 200 对 β 地中海贫血纯合子夫妇。在北非国家，估计 β 地中海贫血携带者的发生率在 1% ～ 9% 之间，表明等位基因频率在 0.5% ～ 4.5% 之间（Romdhane et al.，2019）。仅考虑到北非人口约 2.4 亿，纯合子的预期频率就足够高（约为 1/500 ～ 1/40 000，视地区而定），那里可能有许多夫妇双方均为 β 地中海贫血纯合子。

#### 3.6.2.2 撒哈拉以南非洲和美国的镰状细胞贫血

镰状细胞贫血（sickle cell disease，SCD）是一种常染色体隐性遗传疾病，当患者携带镰状细胞性状等位基因的两个拷贝时发生。由于前文所述的杂合子优势，在撒哈拉以南的非洲，许多人群中镰状细胞特征的携带率很高。举个例子，对尼日利亚埃努古州（人口 330 万）[①] 的几千名育龄妇女及其男性伴侣进行的筛查发现，22% 的个体具有镰状细胞特征（Burnham-Marusich et al.，2016）。基于这一频率，作者预期在研究对象中能鉴定出大约 1% 的人患有 SCD，但实际仅鉴定出 0.1% 的研究对象为 SCD 纯合子；他们推测这可能是因为过早死亡造成的，据估计，撒哈拉以南非洲 SCD 的死亡率为 50% ～ 90%。这个育龄 SCD 纯合子的比率表明，在这个人群中，A 类夫妇的频率大约为百万分之一。在撒哈拉以南非洲的许多其他地区，镰状细胞特征很常见，预计也会类似上述情况，这表明在 SCD 最流行的地区，可能有成百上千对纯合夫妇。非洲裔美国人中镰状细胞特征的发生率也相对较高（估计约为 7%）[②]，超过 90% 的 SCD 纯合子估计寿命超过 18 岁，通常生存到 40 多岁（Platt et al.，1994；Quinn et al.，2010）。Viotti 等（2019）利用这个基因携带频率估计，非洲裔美国人中大约有 80 对纯合子夫妇。

#### 3.6.2.3 囊性纤维化

导致囊性纤维化（CF）这一常染色体隐性疾病的基因突变携带者频率，在美国白人中约为 1/30（约 3%）（Strom et al.，2011），由此得出约 3600 例婴儿中有 1 例发生 CF。欧洲人群囊性纤维化发病率的类似估计也有报道（Farrell，2008）。最近一篇论文的作者估计，美国只有 1 ～ 2 对育龄夫妇其双方的父母都是 CF 纯合子（Viotii et al.，2019）。基于相似的 CF 等位基因频率和大约 1.5 倍的人口，可以预期欧洲会有几对这样的夫妇。CF 治疗的快速发展可能会导致越来越多双方都受到 CF 影响的夫妇能够生育。

---

[①] 见 https://www.enugustate.gov.ng/.

[②] 见 https://www.cdc.gov/ncbddd/sicklecell/data.html.

### 3.6.3　B 类子集的情况预计发生率有多少？

为了适应 B 类非常小的子集的情况，对于相同或不同的严重显性疾病，两个准父母都需要是杂合子。这种情况预计将是罕见的，因为它们取决于父母双方携带致病等位基因，以及患有这种疾病的人能否活到生育年龄并能够生育。与这些情况相适应的疾病有亨廷顿病、早发性阿尔茨海默病和家族性腺瘤性息肉病。

亨廷顿病是一种神经退行性疾病，由 *HTT* 基因 DNA 序列中三个核苷酸重复序列的增加引起。据估计，这种疾病在欧洲约每 10 万人中发现 3 ～ 7 例[①]，在英国每 10 万人中发现 12.3 例（Evans et al.，2013）。对夫妇进行随机分类，大约每 6700 万对夫妇中就有一对双方都是杂合子携带者，相当于美国和欧洲总共大约三对夫妇。如本章前面所述，要达到委员会确定的 HHGE 初步临床应用标准，还需要有一种基因组编辑方法，能够将三核苷酸重复数减少到未受影响个体的典型水平。

早老素 1 基因（*PSEN1*）突变导致早发性阿尔茨海默病。尽管 *PSEN1* 突变是早发遗传性阿尔茨海默病最常见的病因，由于多种可能的突变（不仅在 *PSEN1* 基因中，而且在 *PSEN2* 或 *APP* 基因中）都可能导致这种疾病，以及阿尔茨海默病和痴呆症的晚发形式，因此确定人群中 *PSEN1* 突变的频率是复杂的。据估计，高达 1% 的老年痴呆症病例是由 *PSEN1*、*PSEN2* 和 *APP* 的基因突变引起的[②]；另有统计表明，美国约有 5 万～ 25 万人罹患早发性老年痴呆症，65 岁之前就会发病[③]。尚没有全球人群中 *PSEN1* 突变频率的估计。在近亲结婚率较高的情况下，父母双方都携带突变的情况可能更为常见。

APC 基因突变导致家族性腺瘤性息肉病，引起中年结肠癌的发生，同时增加其他器官的癌症风险。据报道，家族性腺瘤性息肉病的发病率为 1/7000 ～ 1/22 000[④]。

尽管父母双方都需要携带严重显性疾病的等位基因，才能满足委员会确定的 HHGE 潜在初始应用条件，但父母可能没有必要携带同一疾病的等位基因。可能每个父母都是不同显性疾病的杂合子。很有可能，这样一对夫妇所能产生的胚胎仍然只有 25% 不会受到严重疾病的影响。然而，在这种情况下使用 HHGE 将需要决定是否尝试对多个致病等位基因进行基因组编辑，或者编辑过程应针对哪种疾病。

这些例子有助于说明，在 B 类的这个非常小的子集中，情况可能很少见。然而，这种情况预计会存在。显性突变在创始群体中的出现频率很高，具有相同或不同突变的个体之间的结合并不罕见。此外，美国和西欧的几家 PGT 诊所表示，

---

① 见 https://ghr.nlm.nih.gov/condition/huntington-disease#statistics.

② https://www.alz.org/alzheimers-dementia/what-is-alzheimers/causes-and-risk-factors/genetics.

③ https://www.alzforum.org/early-onset-familial-ad/overview/what-early-onset-familial-alzheimer-disease-efad.

④ https://ghr.nlm.nih.gov/condition/familial-adenomatous-polyposis#statistics.

他们曾遇到过一类患者，其胚胎不受遗传疾病影响的概率很低（个人通讯）。虽然委员会没有获得详细的数据，但初步估计每个诊所每年最多有一对这样的夫妇，由此估计 B 类情况下，胚胎遗传致病基因型的概率为 50% 的夫妇有 50 ～ 100 对。

### 3.6.4 人类初始应用后的考虑因素

如果已经在人类中首次使用，并且看起来是成功的，且不引起对安全性和有效性的担忧，在 B 类的其他情况下，考虑使用 HHGE 可能是合适的。这样的决定应当提供证据，用以证明：对希望防止严重单基因疾病传播的准父母来说，联合使用 HHGE 和 PGT 技术，比单独使用 PGT 是一种更好的选择。然而，这就需要设计一个对照临床评价（随机对照试验）来比较这两种干预措施的成功率（一组单独使用 PGT，另一组使用 HHGE 和 PGT）。这些证据将回答人们提出的问题，在特定的基因背景下，HHGE 是否可以增加高质量胚胎的数量，供那些胚胎可能遗传致病基因型的夫妇移植，其结果将为未来临床实践的讨论提供信息。预计参与 HHGE 临床应用以评估其安全性和有效性的夫妇人数太少，无法设计和招募此类评估的参与者。而且，这种对照实验取决于基因背景（尤其是未受影响的胚胎的比率）。因此，进行这种评估将需要在 B 类中包括许多额外的参与者。评估任何人类初始应用的结果并决定是否考虑进一步使用 HHGE，将需要第 5 章所述的国家和国际程序。

## 3.7 继续研究的必要性

与人类配子、合子和胚胎的基因组编辑相关的基础实验室研究（并非以建立妊娠为临床目的）本身就很重要。

### 3.7.1 更好地理解人类胚胎发育

了解人类胚胎发育是一个重要的研究领域。基因组编辑已经为植入前人类发育提供了重要的新见解。这种对人类胚胎的研究，虽然存在非常重要的伦理问题，但在科学上是必要的，因为物种之间的差异相当大。这些研究将有助于更好地了解某些准父母体外受精（IVF）成功率有限的原因，并有助于我们了解女性不孕和流产。在人类胚胎中使用基因组编辑的研究，也将对人类胚胎发育中母体衰老产生的影响提供重要的见解。随着越来越多的妇女选择推迟怀孕，这一领域越来越受到关注。它还可以阐明早期胚胎中的 DNA 修复机制，为了使基因组编辑的结果完全可预测和精确，这是一个不可避免地需要控制的过程。最后，它将有助于理解关键基因在人类胚胎中决定细胞命运的作用，这可能对我们培养和操纵人类干细胞用于再生医学的能力有深远的影响。为了以最高标准进行这类研究，也就是将特定的遗传事件归因于特定的胚胎表型，研究人员需要具有更高效率和更高特异性的基因组编辑技术规范。

### 3.7.2 改进辅助生殖技术

通过基础研究来提高人类基因组编辑的精确性、控制靶点事件、避免嵌合以及产生无脱靶效应的总体能力，可以提高 HHGE 在辅助生殖技术中的作用。如果 HHGE 可以非常安全和高效地进行，那么就有可能用它来增加未携带致病基因型的胚胎的数量，这些胚胎可供准父母进行 PGT，因此有可能扩展在 B 类情况中的使用范围。

## 3.8 结论和建议

我们无法定义一个可靠的转化途径适用于 HHGE 的所有可能用途，因为收益与风险取决于不同的特定情况，包括疾病的严重程度、夫妇的遗传状况、疾病的遗传模式、拟议序列变化的性质，以及替代方法的可用性。考虑到 HHGE 这类新技术固有的不确定性，临床评估应以渐进、谨慎和谦虚的态度进行，最初应只关注那些现有知识已建立了证据基础的潜在用途，并仔细评估潜在利益和潜在风险的平衡，以确保较高的益害比。

为了达到这一平衡，委员会得出结论，HHGE 的任何临床初始应用必须符合本章确定的所有四个标准。目前，只能为属于 A 类或可能属于 B 类的极小子集的 HHGE 应用定义一个可靠的临床转化路径。对于所有其他情况，考虑其他问题以及知识的缺乏，尚无法正确评估风险和收益的平衡。委员会目前还无法描述一个可靠的临床应用转化途径。

**建议 3:** 因为用途、环境和考虑因素差异很大，无法定义适用于所有可遗传人类基因组编辑（HHGE）可能用途的可靠转化途径，在考虑不同类型用途的可行性之前，还需要进一步发展基础知识。

HHGE 的临床应用应逐步进行。在任何时候，对于允许其使用都应该有明确的范围界限，基于是否已有可靠的转化途径并明确定义、评估该应用的安全性和有效性，以及国家是否已经决定允许使用。

**建议 4:** 如果某一国家决定允许使用可遗传人类基因组编辑（HHGE），则应限于满足以下所有条件的情况：

1. HHGE 的使用仅限于严重的单基因疾病；委员会将严重单基因疾病定义为导致严重发病率或过早死亡的单基因疾病；

2. HHGE 的使用仅限于将已知导致严重单基因疾病的致病性遗传变异

体改变为相关人群中常见的序列，且已知该序列不是致病性的；

3. 没有致病基因型的胚胎不应接受基因组编辑和转移过程，以确保由编辑过的胚胎所产生的个体不会在没有任何潜在益处的情况下暴露于 HHGE 风险；

4. 对于准父母，仅限以下情况使用 HHGE：①在没有基因组编辑的情况下，他们的胚胎都受基因突变的影响，无法产生一个没有严重单基因疾病的基因相关的后代；②其他可选方法很少，因为未受影响的胚胎的预期比例非常低（委员会将其定义为 25% 或更少），并且已经尝试了至少一个周期的植入前遗传测试且未成功。

对于批准使用 HHGE 的国家，第 4 章中列举了建立 HHGE 初始应用可靠转化途径应具备的要素。

# 第 4 章　有限和受控的可遗传人类基因组编辑临床应用的转化途径

本章主要介绍可遗传人类基因组编辑（heritable human genome editing，HHGE）转化过程中的一些要素，用以规范已在第 3 章介绍的潜在初始用途：①准父母的后代遗传严重的单基因病，所有后代都将受到遗传影响（类别 A）；②准父母的部分后代可能遗传严重单基因病，且成功通过植入前基因检测（pre-implantation genetic testing，PGT）的概率可能很低（B 类中的很少一部分夫妇，详见第 3 章）。

第 4 章规定了临床前和临床要求，如果一个国家决定考虑是否批准 HHGE 的初始应用，则需要满足这些要求才能对 HHGE 的初始拟定应用进行临床评估：

（1）开发足量方法，充分的临床前证据证实安全性和有效性；

（2）决策要点和必要的审批；

（3）拟定用途的临床评估。

图 4-1 描述了每个阶段中应包含的子内容。本章将描述这些内容，以及推进过程中应达到的要求。这些转化途径中的要求也应适用于人类受精卵基因组编辑技术。是否将体外衍生配子作为生殖技术应用于 HHGE 的临床前标准将在本章稍后讨论。

正如第 1 章所述，临床转化途径中社会参与亦很重要，但本章不再详赘。

信息栏 4-1 总结了可靠的转化途径的必要要素，并在本章中进行了讨论。

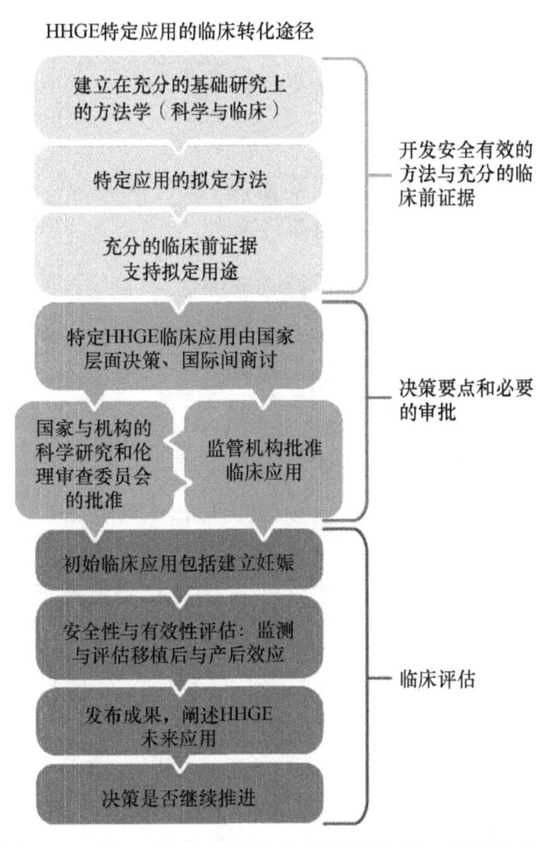


图 4-1　HHGE 特定应用的临床转化途径。委员会在本报告中提出了严重单基因病转化途径中的要素，该疾病中，准父母的全部或者大多数孩子会遗传致病表型。相关的 HHGE 特定应用，必须属于这些类别范畴。

**信息栏 4-1　初始 HHGE 临床应用的可靠转化途径的基本要素**

**基础研究基金**：持续研究以优化基因组编辑技术。

**支持拟定用途的临床前证据**：针对特定用途制定拟议的方法，并取得临床前证据。

需要在培养的人类细胞和模型生物的合子中进行广泛研究：
评估亲本基因组；
在培养的亲代细胞中测试基因组编辑试剂；
在模型生物的胚胎中测试基因组编辑试剂。
人类胚胎中的临床前测试：
表征靶点编辑；
表征脱靶编辑；
表征所有的镶嵌体；
表征胚胎发育。

**决策要点和所需批准**：获得所有必需的审批，包括国家监管系统规定的审批，并获得父母的知情同意。

**对拟定用途进行临床评估**
创建用于移植的经基因组编辑的人类胚胎并建立妊娠；
表征拟移植的人类胚胎。

**评估临床结果**
监测妊娠结果；
长期监测和随访 HHGE 出生的婴儿；
公开有关 HHGE 临床评估决策的信息；
评估相关信息以助于 HHGE 的未来决策。

## 4.1　可遗传人类基因组编辑转化途径

如第 3 章所述，没有可以适用于所有 HHGE 用途的通用转化途径。任何转化途径都应基于特定的使用用途，包括：根据准父母的特定疾病，以及他们对获得遗传相关且没有特定疾病的孩子的意愿，对 DNA 靶序列进行精确地编辑。正如第 3 章所强调的那样，拟定的临床应用也应在委员会能够根据当前的科学和临床知识水平描述转化途径的范围内。

对于任何初始应用，HHGE 都代表辅助生殖技术的一项新型干预措施，仅有临床前数据供其判断安全性和有效性。有些关于有效性和安全性的信息只能在人体评估中获得。所以，对于任何初始人类临床应用，临床前和临床标准都需要设定得很高。

为了满足初始人类应用要求，建议的应用应该是将引起严重单基因疾病的已知致病变异基因改为相关人群中常见且已知不会引起疾病的序列。该单基因疾病应符合委员会对“严重”的定义，此定义以鉴定 HHGE 初始转化途径为目的，即导致危重症或过早死亡的、减少寿命的疾病。

## 4.2　建立安全和有效的基因组编辑方法学的基础研究

如第 2 章所述，当前的基因编辑技术尚不足以确保 HHGE 的精确性和特异性。在控制和表征人类合子基因组编辑方面，仍然存在知识的欠缺。需要对编辑和验证进行重大的改进，以将合子基因编辑达到所需的功效与安全性水平。

### 4.2.1　基础研究是方法论开发的基础

为扩大对人合子基因组编辑的了解和控制，需要继续进行基础研究。对于并非用于特定临床应用的基因组编辑研究，继续进行基础研究至关重要，诸如：最大限度地提高编辑试剂的效率和特异性；检测和量化各种中靶和脱靶效率的方法；增强预期编辑结果，例如，如果需要引入双链断裂，优先使用同源重组修复（homology-directed repair，HDR）而非非同源重组修复（non-homologous end joining，NHEJ）；表征可能影响体细胞和培养细胞产生不同编辑结果的人类胚胎发育过程。证据越多，越有助于可靠地运用培养的细胞、模式生物或可替代物预测人类合子中发生的事件。

开发安全有效的 HHGE 方法所需的关键要素包括以下内容。

#### 4.2.1.1　控制中靶

限制 HHGE 应用的主要原因是无法控制基因组靶点编辑。大多数突变都需要从提供的模板或位于同源染色体上的致病基因复制出非致病序列。根据有限的经验，人类合子缺乏有效的 DNA 双链断裂同源重组修复。在合子和其他类型细胞中，双链断裂后行使 NHEJ 修复，通常会产生序列的插入或缺失。NHEJ 可能将一种突变变为另一种突变，其后果无法预测与控制。这些产物基本是有害的，因此，需要提高 HDR 相对 NHEJ 修复 DNA 的比例，以高概率实现中靶。如第 2 章所述，单碱基编辑和引物编辑都可在很大程度上规避双链断裂修复的风险，两者（特别是单碱基编辑）有望应用于胚胎基因编辑。

HHGE 的目标是产生在基因的两个等位位点上携带正常的非致病性序列的胚胎。创建一个非致病等位基因对于隐性疾病是有效的，恢复两个等位基因会消除携带的情况。实现这一目标必须避免改变已存在的非致病等位基因。必须在治疗前鉴定出需要编辑的合子。为实现这个目标，可以通过对第一极体和第二极体进行活检与测试（参见第 2 章），或者开发有效的基因组编辑方法用于已经进行了基因分型的多细胞胚胎。

#### 4.2.1.2 脱靶事件最小化

近年，降低意外基因变化频率以及发生此类变化时的检测能力已得到显著的提高。通过测试不同的靶标指导 RNA 并同时对指导 RNA 和 Cas 蛋白进行修饰，提高了基于 CRISPR 的基因组编辑的特异性。锌指核酸酶（ZFN）和转录激活因子样效应物核酸酶（TALEN）技术也取得了类似的进展。然而，高置信度检测胚胎中的未知变化仍然存在挑战。全基因组 DNA 测序可分析基因组编辑脱靶事件，但是，从准备移植入子宫的囊胚期胚胎提取遗传物质，在安全范围内的提取量很少，现有的全基因组测序（WGS）无法精确分析如此少量的遗传物质。此外，WGS 可能无法捕捉到可能发生的所有变化。包括大片段的插入和缺失，甚至是整个或部分染色体丢失事件，WGS 和基于聚合酶链反应技术都很难检测到。

#### 4.2.1.3 镶嵌型嵌合体最小化

预防镶嵌体要求在编辑活性受限的单细胞受精卵中，或在由两个或更多细胞组成的胚胎的所有细胞中，以非常高的效率进行所需的靶向修饰的能力。如果基因组编辑的操作持续到第一次细胞分裂之后，则需注意胚胎中的不同细胞在靶标或脱靶位点可能携带有不同的序列变化。这种镶嵌的影响难以预测，可能靶组织缺乏足量的编辑后的细胞而无法预防疾病，或者在靶位点或其他位置引入非预期的突变（尤其是大拷贝数变体）而引起与目标疾病相关或无关的疾病，由此带来严重的风险。镶嵌体给临床前验证带来了巨大的挑战。对于将要移植的胚胎，只有少量的原外胚层细胞可从胚泡中安全取出用于分子分析。当前还没有一种方法可以确定用于移植到子宫的胚胎的所有细胞是否都具有完全相同的编辑，这意味着临床前研究需建立产生极少的嵌合体胚胎的方法体系。

#### 4.2.1.4 评价疾病等位基因编辑的生理效应

在编辑疾病等位基因时，为确保预期的编辑足以预防疾病表型，且不会因编辑的过程产生大的、无法预料的健康影响，需要对生理与功能进行短期与长期的监测研究。可以从以下编辑中获得一些有用的信息：体细胞疾病等位基因的编辑；其他哺乳动物的生殖细胞系编辑，如将动物等效位置替换为人类等位基因，使其有人类疾病表型。

## 4.3　支持拟定用途的临床前证据

在尝试以经编辑人类胚胎建立妊娠之前，还需要在各种实验、临床前环境中进行广泛的研究。

### 4.3.1　特定用途的拟议方法

开发经过独立验证并足以用于拟议用途的拟议方法是临床前阶段的重要组成部分。基因组编辑系统（例如，Cas 蛋白和靶向特定 DNA 片段的指导 RNA 相结合）需要解决前述问题：控制中靶编辑、最小化脱靶事件并避免产生镶嵌体胚胎。对于任何特定的临床用途，需要在特定基因组位点和特定环境中尽可能仔细地测试特定试剂和过程，如下所述。

### 4.3.2　足以支持拟定用途进行临床评估的临床前证据

对合子进行 HHGE，很可能是将基因编辑试剂直接注入伴有精子的卵母细胞中，或者是注入刚受精的受精卵中。有观察报道，在 2 细胞期胚胎进行碱基编辑（Zhang et al.，2019），可能也是有效的。如果只是部分胚胎可能携带致病基因型，在这种情况下使用 HHGE，则需要有相应的方法确保未携带致病基因型的胚胎不会经历基因编辑并移植的过程，以满足第 3 章所述的对转化途径的要求。对卵母细胞减数分裂产生的极体进行基因分型可以确定来自既定母体的合子的基因型（见第 2 章）。如果极体分析不足以确定合子的基因型，则还需要其他方法。一种办法是编辑 8 细胞团或更晚的胚胎（此阶段可以进行胚胎活检和基因分型），但需要开发能够有效进行此类编辑的方法。这些情况的目标都是希望产生的胚胎在其所有细胞中的靶序列上都是非致病基因型。在对人类胚胎进行临床前实验之前，需要先从培养的人类细胞和模型生物的合子中获得 HHGE 拟议用途的临床前证据。

能够或者应该收集哪些临床前证据，依赖于准父母的遗传背景，例如，是否需要评估他们可能遗传的非致病性等位基因带来的影响。如第 2 章和第 3 章中所述，所有胚胎均遗传导致严重单基因疾病的基因型的情况包括：一个亲本含有纯合的常染色体显性致病突变，或者两个亲本均含有纯合的常染色体隐性致病突变。后者的情况中，亲本细胞或其合子细胞中不存在非致病性等位基因。

1）需要在培养的人类细胞和模式生物合子中进行广泛的研究

由于每种靶基因与编辑试剂的组合会产生不同的中靶和脱靶事件，因此需对每种组合进行评估。为了验证拟用于潜在临床用途的编辑试剂的合理性，应在来自准父母体细胞的培养细胞中和模型生物中进行临床前研究，必须包括以下步骤。

2）评估亲本基因组

**要求**　利用研究遗传疾病的最佳实践方案获得准父母的全基因组序列。确定靶点突变及其周围基因组区域的准确序列。对于给定的靶点与编辑试剂，评估其在基因组上的潜在脱靶位点。

**内容** 全基因组测序通常用于鉴定后代的新生突变，也用于确定具有遗传病史的亲本中有遗传风险的特定致病变体。最佳实验方案有诸如英国的关于"解密发育疾病"项目的研究[①]。

3）在培养的亲本细胞中测试基因组编辑试剂

**要求** 需要进行以下评估：

- 为评估中靶效率，在含致病突变的亲本细胞中测试编辑试剂；
- 在亲本双方细胞中测试，以确定可能的脱靶位点；
- 如果任一亲本中含有非致病等位基因，需检测该等位基因上任何潜在的非预期的编辑；

**内容** 对亲本细胞的测试很重要，可以给出遗传背景下中靶和脱靶的潜在影响。评估所获的信息可以用于改善靶位点编辑试剂的编辑效率，并最小化脱靶形成的突变。脱靶突变不应明显高于新生突变的发生频率。用于评估的细胞可以是来自每个亲本的原代细胞、诱导多能干细胞或通过核移植产生的亲本的胚胎干细胞。在细胞适应培养和细胞多能性诱导过程中会产生新的突变，故建议同时测试几个独立衍生细胞系。

4）模式生物胚胎中测试编辑试剂

**要求** 在模式哺乳动物合子中测试靶序列的编辑效率。使用人源化序列混合模型——至少靶点及其周围区域人源化，以便编辑试剂可以识别。

**内容** 哺乳动物的合子基因组编辑不同于同物种体细胞基因组编辑。由于不同的物种之间可能具有一些相似的胚胎特异性特征，在模式哺乳动物中测试编辑试剂可表征不同的结果和发育过程，以预防镶嵌体。哺乳动物胚胎相关环境因素包括：编辑试剂递送到合子的方式（不同于递送到培养的细胞中）、合子中较活跃的 DNA 修复机制（相较于成体细胞）。尽管在人类合子中的操作方式与其他哺乳动物合子中的操作不同，这些实验提供的信息仍可为在人类中进一步测试提供指导。

在进行人类胚胎临床前测试之前，对哺乳动物合子进行测试对于完善编辑系统至关重要。该测试不仅仅设计用于评估模式动物中靶序列编辑的表型效应。在诸如小鼠之类的动物中，可产生人类致病基因的等效序列，即所谓的人源基因（Zhu et al.，2019）。在进行早期 HHGE 临床应用之前，需要证实人源化致病基因

---

[①] 见 https://www.ddduk.org/intro.html. 由健康创新挑战基金（Health Innovation Challenge Fund）和威尔康桑格研究所（Wellcome Sanger Institute）资助的"解密发育疾病"项目，就是研究"超过 12 000 名发育障碍未确诊英国儿童 / 成人及其父母"的基因组信息，以便更好地理解这些疾病的机理。

可被编辑为非致病基因。如果由于某种原因，模式哺乳动物中不能产生人源化序列，则该疾病等位基因不能被选作为 HHGE 的初始应用。

5）在人类胚胎中进行临床前测试

为证实拟定临床用途的基因组编辑方法具备高有效性、高特异性与高安全性，必须在人类胚胎进行临床前测试。临床前证据不能用其他细胞替代。人类胚胎临床前测试是在实验室中进行的，且这些胚胎决不能用于建立妊娠。

可用于实验的人类合子数量有限，委员会认识到许多司法管辖区不允许制造并研究人类胚胎。但是，临床应用前需要全面验证人类胚胎基因组编辑的实验数据。辅助生殖技术会产生不用于建立妊娠的剩余受精卵，相关的夫妇可捐赠这些受精卵用于实验室研究，以尽量减少实验用胚胎的产生。但这种受精卵可能会缺失 HHGE 拟定用途的靶向致病等位基因，对它们进行测试可获得关于潜在脱靶编辑的信息，并可以提供中靶编辑中合子特定过程的有价值的信息。但这种方式有很大限制，这些存储的受精卵很可能是停滞在 $G_2$ 细胞周期，晚于基因编辑的时间点，如果能解决细胞周期问题或者使用双细胞期胚胎，就有进行进一步研究的可能。另外，目前大多数存储的 IVF 胚胎都在更晚的阶段，可能根本就无法使用。

对于 HHGE 的初始应用，有些信息只能在人类临床应用中获得。所以，临床前测试的标准就需要设置得很高，对编辑方法进行临床前评估所需的人类合子，应包含致病突变。如果致病等位基因来源于父本，则可以用致病父本精子与捐献卵子结合产生的合子，测试编辑试剂的效率。如果是遗传母本致病基因，为了降低附加风险，应避免使用多轮激素刺激以及卵母细胞的多次采集。如果该母本没有其他 IVF 风险，也不属于高龄，以测试为目的产生胚胎，采取单轮激素刺激进行卵母细胞的采集可能更为妥当；或者使用合理的替代方法，即招募携带相同致病突变的精子捐献者，用其精子与捐献的卵子供体产生受精卵进行检测。

通过获取丰富的人类胚胎实验知识库，或许可以找到其他类别细胞，能够准确地预测人类合子基因组编辑的效应。在这种情况下，转化途径中需要涉及的人类胚胎试验，可以使用这类细胞作为临床前试验的替代物。在将这种细胞系统作为 HHGE 临床前证据的唯一来源之前，需对此类模型及其替代人类胚胎的评定能力进行严格的科学评估。届时，对特定编辑方法纠正多种靶向等位基因的能力进行广泛的临床前测试，足以得出结论，没有必要对临床前人类合子中每个特定等位基因的校正都进行测试。对现有知识的评估，以及修订早期人类应用临床前标准的合理性，进行独立的科学与技术评审仍是至关重要的（参阅第 5 章有关此类监督问题的讨论）。

如上所述，每对夫妻特定的遗传背景可能使得临床前测试变得更为复杂。例如，当准父母一方或双方都是严重基因病的复合杂合子时，该疾病存在不止一个致病等位基因。由于 gRNA 只能编辑一个致病等位基因，如何设计 gRNA 也是一个挑战。对编辑试剂效应的临床前测试，不仅包含靶点等位基因，也包含其他等位基因。在这种情况下，对于拟用于移植至子宫的经编辑胚胎进行 PGT，就需要确保至少有一个致病等位基因已经修改为人群中常见的非致病等位基因，且其他位点不受影响。

人类胚胎临床前测试需包括以下步骤。

1）表征靶点编辑

**要求** 在对一组经过处理的人类胚胎进行检测时，预期编辑的效率必须非常高，并且，靶位点处必须无其他序列变化，包括插入和缺失。

**内容** 此测试的目的是确保在应用于任何临床目的之前，基因组编辑方法可以产生足量的高临床等级且带有预期编辑的胚胎。对于显性疾病，合子的两个等位基因上均无致病序列；对于隐性疾病，尽管恢复一个等位基因为非致病基因即可以预防该疾病，但需保证编辑效率足够高，以便有足够比例的经修饰胚胎可供使用。该测试可在任意多细胞阶段完成，测试必须包括大片段的缺失、染色体丢失和其他重排方式。

2）表征脱靶编辑

**要求** 将编辑过的胚胎或胚胎干细胞与其亲本细胞的全基因组序列进行比较。同时，还应针对临床前研究中出现的特定脱靶位点进行靶向测序。不得有可检测的编辑引起的脱靶序列变化。如新生突变的产生与其生物学亲本序列有关，则发生率必须在未经编辑的胚胎中可观察到的范围内，而且单核苷酸多态性、插入缺失、拷贝数变异或染色体重排的发生率也未增加。

**内容** 由于在实际临床应用中，囊胚期是胚胎移植的重要阶段，因此应在该时期进行检测，以获得足够的 DNA 用于分析。

从培养的亲代细胞的分析中鉴定出脱靶位点（参见上文信息栏 4-1 中“支持拟定用途的临床前证据”的第一步:“在培养的人类细胞和模型生物的合子中进行广泛研究”）将为在胚胎中寻找高脱靶风险的位点提供参考，此阶段将重点关注先前已观察到或预期可能发生脱靶编辑的区域。

3）表征所有嵌合体

**要求** 对多个单细胞进行分析，结果应表明胚胎中的所有细胞都必须具有相同的靶序列（即无嵌合）。在早期胚胎阶段，应该对每个单细胞或者尽可能多的细胞进行检测，确定其预期靶标序列以及高脱靶风险位点的序列。

**内容** 如果并非所有细胞都被成功编辑，则后代和（或）成年后的目标器官可能不会完全没有疾病。

4）表征胚胎发育

**要求** 经基因组编辑的胚胎通过正常的体外发育进入囊胚期，其达到发育里程碑事件的效率必须与未经编辑胚胎相当。经基因组编辑的胚胎的细胞特征和分子特征，均应与未编辑的胚胎对照相近，且非整倍体率不高于标准辅助生殖技术程序的预期。

**内容**　此类测试的目的是确保基因组编辑不会对正常胚胎发育产生负面影响。基于IVF中所应用的未编辑胚胎，对比其与基因组编辑胚胎在发育特征方面的差异。根据目前许多国家对于人类胚胎的培养限制，本测试可持续至14天。

包括国际生命科学中心的纽卡斯尔生育中心在内的各个实施线粒体置换疗法（MRT）的平台，他们所采用的人类胚胎临床前评估的实践规程是目前的最佳实例。通过与卡里克研究所合作，纽卡斯尔的研究人员分析了经MRT修复后处于囊胚期的人类胚胎的细胞谱系，以确定所有细胞系都得到检测。他们还利用单细胞转录组数据，对基因的表达模式进行了分析（Hyslop et al.，2016）。

只有满足所有这些临床前要求，并获得独立专家意见的验证，才可以考虑在临床环境中使用经过编辑的胚胎。

5）其他情况（并非所有胚胎都会遗传致病突变）基因组编辑的额外注意事项

**要求**　可能需要开发一种能够安全有效地编辑8细胞期或更晚期胚胎的基因组编辑方法。

**内容**　如果准父母的所有胚胎都遗传了致病突变，则可以在受精前后进行基因组编辑。但如果仅部分胚胎会携带致病突变，则须在编辑之前确定哪些是受影响的胚胎。对于仅需要了解母本遗传特征的情况，利用极体分析鉴定卵母细胞的基因型可能就足够了。而在其他情况下，则需要利用胚胎活检来了解母本和父本的遗传特性。对于任何此类预期应用，都需要进行临床前开发及测试，以确保基因组编辑方法能够有效且安全地编辑胚胎的基因型。

## 4.4　决策要点及所需审批

HHGE的任何临床应用在实施前，都必须经过若干重要的审批。

### 4.4.1　国家是否考虑将HHGE应用于临床

如第1章所述，一个国家必须首先允许考虑HHGE的特定临床用途。该决策不仅包括合格的基因组编辑方法的临床前证据，还应包括社会参与和投入。在许多国家，HHGE的临床应用仍然是非法的；还有许多国家尚未建立完善的监管体系，对HHGE加以约束或许可。任何有关HHGE的临床应用都必须在规定的条件下进行（详情请参见第5章），这一点非常重要。

### 4.4.2　完善的审查委员会和调控法规

任何一项有关临床评估HHGE特定用途的提案，都需要向有关机构和国家科学与伦理咨询机构提交拟定疾病、基因组位点、临床前数据以及临床研究方案等相关信息。这些审查均需要获得相应的批准。具有所需支撑性临床前证据和方法的提案必须经过相应国家监管机构的审查和批准。只有获得了此类批准，才可以根据提案内容开始利用经编辑胚胎建立妊娠。

### 4.4.3 准父母知情同意

任何有关 HHGE 的临床评估，都需事先详尽告知准父母们相关程序和预期结果，并征得他们的同意。由于知情同意的要求是向准父母提供有关 HHGE 的性质和风险的详细信息，因此现在制定具体协议还为时过早。作为替代，知情同意过程中应考虑的原则和程序体现了通用指导原则。由于基因组编辑的技术性质，在大多数情况下都需要被广泛讨论。准父母需要进行临床评估，并由与结果没有利益冲突的人提供咨询。咨询应囊括所有生育选择的介绍，包含每种选择相关的风险、益处和未知因素等，并提供机会让准父母们选择适合自己的方案。此外，生殖建议还需涵盖辅助生殖技术的所有方面，包括对体外受精、植入前基因测试以及用于产前评估措施的意见。准父母还将被要求同意给予胎儿监测以及合理的产后监测和评估。评估和咨询还应考虑父母及其后代的心理健康和身体健康，以及准父母照顾婴儿的能力。在整个知情同意过程中还应提供心理支持。

由于 HHGE 代表了一种没有临床使用历史的新技术，除了满足知情同意的基本标准之外，任何涉及人类的初始应用都需格外小心，以免引起或受到过度乐观的影响。引导知情同意讨论的人必须与 HHGE 的结果没有利益冲突，并充分了解所涉及的机制、程序和风险。

## 4.5 拟定用途的临床评估

当取得了各种所需的临床前证据，并已经证明有合适的操作方法，且已获得了所有适用的法规审查和批复，就可以以建立妊娠为目标开始制备基因组编辑胚胎了。

所需的临床要素包括以下几个方面内容。

1）验证基因型（对于并非所有胚胎都携带致病基因型的情况）

**要求** 在基因组编辑前，首先确定人类卵母细胞或胚胎的基因型。

**内容** 该要素需确保只有受基因影响的胚胎被编辑。在合适的情况下，可以通过极体活检来鉴定基因型；在其他情况下，则可能需要对 8 细胞期或更晚时期的胚胎进行活检。因此，必须在临床前阶段建立能够编辑多细胞胚胎的基因组编辑方法。

2）以建立妊娠为目的，构建用于移植的、经基因组编辑的人类胚胎

**要求** 在获得亲本配子和构建经基因组编辑的合子时，需要遵循有关基因组

编辑和辅助生殖技术的最佳实践标准。

**内容**　进行受精卵构建、引入基因组编辑试剂、评估所得胚胎的临床适应能力以及最终移植建立妊娠的医疗机构，必须具备符合该国法规要求的资格、经验和能力，并且需要遵守专业的最佳操作指南。所有试剂和程序也需要遵循一致的最佳操作标准和质量控制。

3）表征拟用于移植的人类胚胎

**要求**　从囊胚期胚胎的滋养外胚层收集细胞进行胚胎活检，并通过 PGT 确认是否已被精确编辑，并且不存在可检测到的脱靶突变以及嵌合现象。

**内容**　如前文所述，必须有大量的临床前数据证明，此方法能够稳定地构建人类胚胎，确保经过基因组编辑后，每个细胞都具有合适的遗传特征。因此，对拟移植胚胎的滋养外胚层进行活检有望得到可靠证据。

### 4.5.1　包括安全性和有效性的结果评估

如果要通过基因组编辑的人类胚胎来建立妊娠，那么评估其产前副作用，以及经 HHGE 出生的孩子的身体和心理影响将至关重要。收集和评估有关 HHGE 临床结果的相关信息（包括任何可知的负面影响）也尤为重要，包括任何可检测到的副作用，这将有助于对 HHGE 安全性和有效性的认识。

1）监测妊娠结果

**要求**　强烈建议对使用基因组编辑的胚胎的妊娠情况进行仔细监测。

**内容**　随着妊娠的建立，产前监测对于检测任何胎儿异常或妊娠期间产生的其他问题至关重要。如果产前检查发现遗传或生理异常，将为父母提供重要信息。强烈建议推行此类产前监测，但最终决定权在于母亲。

2）进行长期监测和跟进

**要求**　对经 HHGE 编辑后出生的孩子进行长期监测和随访是必不可少的。监测内容包括以下几点。

- 需获得父母的同意，之后再征得孩子的同意，以便在出生后和在指定的时间间隔内进行监测，直至成年。监测必须由称职的专业人员进行，并包括身体和心理方面。
- 使用已在国际范围内经过验证和标准化的评估工具，如果可能的话，应使用在整个生命周期内均可用的评估工具。

**内容**　对经 HHGE 编辑后出生的个体及其所生的孩子来说，均能保持健康是十分必要的，因此，需要继续对其遗传或健康不良后果进行评估。一旦发现不良结果，应告知相关个人并提供相应的遗传咨询。

3）公开可遗传人类基因组编辑临床评估获得批准的决策信息

**要求**　每个国家/地区都需要公开任何已批准的HHGE临床应用的详细信息。

需要提供的信息应包括允许使用 HHGE 的遗传条件、将使用的相关实验室程序以及进行监督的国家机构。

**内容** 这些信息的公开，对于确保 HHGE 潜在用途、决策依据和监管责任的透明化至关重要。但是，应对家庭隐私予以保护。

4）评估信息有助于可遗传人类基因组编辑的未来决策

**要求** 有关HHGE临床评估过程与结果，必须在同行评议的科学期刊上发表。

**内容** 此类信息将有助于推动有关 HHGE 安全性和有效性的国内和国际讨论。结合进一步的广泛社会参与，此类信息还将有助于对以下方面有指导价值：是否考虑在 A 类和 B 类患者中进行 HHGE 临床评估；对于本报告所述的转化途径，是否以及如何实现临床前或临床转化要求；是否考虑评估第 3 章中描述的其他类别用途等。

## 4.6 利用体外干细胞衍生的配子进行可遗传人类基因组编辑：潜在的转化途径有何要求

第 2 章描述了通过两种方法在人类配子前体中进行基因组编辑的前景：其一，编辑配子前体细胞，如精原干细胞；其二，编辑诱导多能干细胞，并将其在体外分化为功能性配子（即体外衍生的配子发育）。目前，尚没有相关方法能够产生功能性人类精子或卵母细胞，因此该技术不适用于临床。应该强调的是，即便使用精原干细胞、诱导性多能干细胞或核移植胚胎干细胞的方法是安全且有效的，将其用于不涉及基因组编辑的辅助生殖也许要获得批准，与基因组编辑联合使用时还需要进行独立考量。鉴于其社会意义，这种审批将需要广泛的公众咨询。由于该技术尚未在任何临床环境中获得批准，因此使用该技术实现可遗传基因组编辑并定义转化途径为时尚早。但是，在此章节中，我们仍然对这种方法在临床前和临床实践中的可行性进行了探讨。

体外获得配子以用于辅助生殖，尤其是通常情况下雌配子数量比较少，这种方法的临床意义在于能够消除在除A类以外的所有单基因疾病情况下对HHGE的需求。这是因为，这种方法可产生大量的胚胎以供测试，从而确保鉴定出没有致病基因型的胚胎。而且，由于那些未受影响的可用胚胎将不再受数量限制，因此有利于选择具有最高临床等级的胚胎移植给准妈妈们。

然而，该策略并不适用于 A 类患者。其原因在于，无法产生不携带致病基因型的体外干细胞衍生的配子，因此也不会产生相应的胚胎。在这种情况下，往往需要利用 HHGE 对患者来源的干细胞进行体外基因组编辑，从而产生不带有致病基因型的细胞。与合子中的基因组编辑相比，由这种经编辑的干细胞生成功能配子将具有多个优势。尽管对于哪种方法最好，目前尚无共识，但一个显著优势是：

在培养的细胞中进行基因编辑，无论是构建特异性修饰还是分析基因组、表观遗传学变化，均能实现技术可控。此外，由于可以对中靶编辑和脱靶编辑进行筛选，然后将中靶编辑的细胞进行扩增，最终分化成为功能性配子，因此每个细胞单元的编辑效率也不必特别高。此外，使用编辑过的 SSC、iPS 或 ntES 细胞来源的单个精子进行卵子受精时，也不会产生镶嵌体。

但是，这种方法同样有缺点。首先，这类配子的前体细胞需要在体外进行维持和扩增。在此期间，与体内自发种系突变率相比，可能会积累更多新生突变（Wu et al.，2015）。另外，具有某些特性的细胞，包括遗传和表观遗传学差异，将在体外培养环境中被异常富集；这些特性可能会提高其在培养条件下的复制能力，但其临床影响尚不可知。与基因组编辑的脱靶效应不同，每一类细胞均可能获得独特的突变系列。目前仍不清楚该如何评估此类基因组和表观遗传学的变化，及其是否不可避免，进而探究其对胚胎、胎儿和产后发育的影响。

如果基于体外干细胞衍生配子的方法被允许作为辅助生殖手段应用于临床，那么其被用于 HHGE 时的安全性和有效性仍然要经过严格考察，考察要点与合子基因组编辑相似。不过，还应有一些特殊的考虑，例如，不需要测试所获得的胚胎是否为镶嵌体。

对于利用体外干细胞衍生配子进行的基因组编辑技术，在任何以临床用途为目的构建人类胚胎进行移植之前，都需要满足以下几个方面的临床前研究。

- **在人类细胞中进行了广泛的研究，以开发和优化基因组编辑试剂。**为了在配子前体细胞（如精原干细胞）中进行编辑，往往需要以父本未经培养的精原干细胞作为对照，进行基因分析比较。这种方法有助于开发编辑试剂的有效性，包括预期编辑的中靶效率，以及规避脱靶和靶标外变化。为了在随后会分化为功能性雄性或雌性配子的 iPS/ntES 细胞中进行编辑，也需要对未经编辑的亲本 iPS/ntES 细胞进行比较分析，以优化编辑试剂。
- **分离和检测单个细胞系，以表征中靶和脱靶事件以及表观遗传特征。**经过基因组编辑的 iPS/ntES 细胞衍生的细胞系，需要进行全基因组测序以确定在培养过程中产生的获得性和选择性突变。所选择的品系需要只在预期靶标上具有所需的编辑，而在基因组其他位置没有因编辑造成的非预期修饰。此外，表观遗传和基因表达谱也需要进行检测，以更好地了解编辑试剂是否对其产生影响。
- **将正确编辑的 iPS/ntES 细胞分化为功能配子。**如第 2 章所讨论的，科学家已经开发出了在体外利用小鼠多能干细胞衍生功能性配子的方案。目前也在开发类似的方法以应用于人类，但仍面临着诸多严峻挑战，尤其是如何确保此类细胞进行正常减数分裂的难题。因此，在这一领域进行深入探索和持续耕耘，不仅有利于开发出安全有效的体外衍生的配子，还有利于了解人类配子发育和不育症的相互关系。

- **体外受精前进行配子特征评价**。将体外培养的配子与亲本配子进行比较，以评估编辑后配子的遗传和表观遗传特性，包括额外的全基因组测序以检查配子在分化过程中是否有潜在基因组变化。单个配子的转录组和表观基因组特性之间的差异可以通过单细胞方法评估（Hermann et al.，2018）。
- **检测基因组编辑配子的功能性**。体外产生配子的最终期望是，具有生成胚胎的能力，且与使用常规配子产生的胚胎没有根本区别。为此，有必要证明由未经编辑或经基因组编辑的前体细胞在体外产生的雄性配子均能够有效地使卵母细胞受精，并且所产生的胚胎能够正常发育至囊胚期。单个精子的基因组或外显子基因组可能无法代表通过这种基因组编辑方法批量生产的精子的基因组特征，因此，表征来自体外配子的单个胚胎的基因组和表观基因组便显得尤为重要。胚胎干（ES）细胞系可以从此类胚胎中衍生出来，通过高质量的基因组测序，以确认此类细胞与亲本基因组在脱靶位点并没有差异。最后，对囊胚活检得到的细胞（至少是预期的基因组靶标）进行基因检测，在胚胎移植之前的临床阶段是必要的。

## 4.7 结论和建议

任何可靠的HHGE临床应用途径都需要建立严格和清晰的标准以规范其技术方法，并对其安全性和有效性进行科学评估，以及建立完善的监管标准。本书作者委员会对此提出了如下建议。

### 4.7.1 可遗传人类基因组编辑的任何拟议用途的科学验证和标准

临床前研究的结果应足够证明 HHGE 的安全性，并保证其能够进行首次人类临床应用的评估。一旦满足转化过程中所需的临床前研究要点，就可能适时的进行临床干预，但要经过必要的审批、知情同意，以及持续性的审查和监督。每种特定的临床用途都需要结合自身特点进行考虑。即使有临床前研究的结果，仍存在关于安全性和功效的未知数，只有通过对使用 HHGE 后出生的个体进行长期监测才能彻底揭示和解决。

**建议 5**：在尝试使用已进行基因组编辑的胚胎来建立妊娠之前，必须有临床前证据证明可遗传人类基因组编辑（HHGE）具备足够高的效率和精确度进行临床应用。对于 HHGE 的任何初始用途，安全性和有效性的临床前证据应基于对大量编辑过的人类胚胎的研究，并应证明该过程具有高精确度地产生和选择合适数量胚胎的能力：

- 对目标进行预期编辑，不做其他修饰；
- 编辑过程中不会由脱靶引入其他变体，即新基因组变体的总数与可比较的未经编辑的胚胎中的变体的数量不应有显著差异；
- 无证据显示编辑过程中产生镶嵌现象；
- 具有适合建立妊娠的临床等级；
- 根据标准辅助生殖技术程序，非整倍体率低于要求。

**建议 6:** 任何关于可遗传人类基因组编辑初始临床应用的提案都应符合建议 5 中提出的临床前证据标准。临床应用提案还应包括在移植前使用以下方法评估人类胚胎的计划：

- 胚囊阶段及之前的发育状态可与标准的体外受精发育过程相媲美；
- 胚囊阶段的活组织检查显示：
  - ✧ 所有活检细胞中均按预期编辑，并且在靶点处无意外编辑的发生；
  - ✧ 无证据表明编辑过程在目标外位点引入了其他变体。

经过严格评估后，如胚胎移植获得监管机构的批准，那么在妊娠过程中进行监测并对出生后的儿童和成人进行长期随访至关重要。

### 4.7.2　影响生殖选择的未来发展

对生殖细胞的前体细胞或诱导多能干细胞进行基因编辑，并在体外诱导分化为配子的方法，是 HHGE 的替代方法之一。但是，利用培养的细胞发育成为人类配子的技术仍处于发展阶段，目前尚不能用于临床。

**建议 7:** 应继续研究开发以干细胞培养产生功能性人类配子的方法。此类大量产生干细胞衍生配子的能力可为准父母提供另一种选择，即通过高效生产、检测及筛选不含致病基因型的胚胎来避免遗传性疾病。然而，在生殖医学中使用这种体外衍生配子的技术必定会引发医学、伦理和社会问题，必须经过仔细评估，并且这种未经基因组编辑的配子在被考虑临床应用于可遗传人类基因组编辑之前，首先需要被批准用于辅助生殖技术。

# 第 5 章　可遗传人类基因组编辑的国家和国际管理

可遗传人类基因组编辑（heritable human genome editing，HHGE）任何可靠的潜在临床转化应用，都需要国家和国际的监督管理，这比临床应用本身更重要。在第 5 章中，我们讨论了这种管理系统需要的各种要素。本章首先讨论了 HHGE 如何与当前的医疗技术监管体系相互交叉，并提出了一些在这种交叉实践中面临的困难。随后，我们论述了国家需要建立的一系列体制，以确保未来对 HHGE 的任何临床应用都能够进行负责任的监督。最后，本章强调了围绕 HHGE 的发展进行国际合作的重要性。本章没有详细探讨国家和国际社会最终应如何执行有关 HHGE 的国家和国际管理方案，但是包括世界卫生组织专家咨询小组在内的有关各方，正在更深入地探讨这一领域，本章也在最后对这一问题提出了建议。

## 5.1　可靠的可遗传人类基因组编辑的管理体系

HHGE 的应用将涉及一种辅助生殖技术，该技术以建立妊娠为目的，能够产生基因组被修改的胚胎。对于 HHGE 的监管系统，需要拥有对转化应用的全阶段（详见第 4 章）进行监督的能力。这些阶段包括：开发和利用 HHGE 的基础研究及临床前研究阶段；对 HHGE 临床应用的国家立法阶段；咨询阶段；监管决策阶段；对临床应用基因组编辑胚胎以建立妊娠的结果的评估阶段。

### 5.1.1　可遗传人类基因组编辑的社会参与

任何国家在临床使用 HHGE 之前，都需要征求公众意见，从而确定在该国群众中使用 HHGE 的接受度，并讨论 HHGE 潜在的应用目的和管理机制。只有在国家民众能够接受 HHGE，并且该相关国家机构批准考虑 HHGE 的潜在临床应用的情况下，才能够开始对人类胚胎基因组编辑进行临床前实验室研究。虽然我们无法对于一个国家如何组织开展这些公众讨论给出建议，但我们仍基于收集到的各方意见提供了一些在今后的社会讨论中需要强调和考虑的因素（信息栏 5-1）。

**信息栏 5-1　有关 HHGE 未来讨论中社会因素的考量***

**遗传疾病患者、残疾和弱势群体的参与**

- **让真正可能考虑 HHGE 治疗的特殊人员参与进来非常重要。**这些患有遗传疾病或者身体残疾的人群，对于 HHGE 存在不一样的看法。一份 2016

年英国遗传联盟（Genetic Alliance U.K.）的报告指出，这些人群中对于HHGE 的态度有很大的分歧，一些人十分看好 HHGE 治疗疾病的潜在能力；而另一部分人则对这种能力持严重保留态度，并且他们认为遗传状况是人个性化的基本组成部分**。包括聋人群体和自闭症群体在内的弱势群体对 HHGE 的应用表示了担忧。许多委员会收集到的意见强调，针对任何利用 HHGE 进行治疗的诉求都必须来自患有某种疾病，并且考虑使用 HHGE 进行治疗的群体。

- **吸取历史上对疾病和残疾的污名化和优生化错误实践的教训非常重要。**一些受访者表达了对使用 HHGE 的担忧，他们认为 HHGE 将“破坏社会中所有人的价值和平等”。还有一些担忧表示，HHGE 的发展可能会使得国家减少为具有遗传缺陷的人提供帮助的投入。
- **让那些在医疗决策中话语权较弱的弱势群体参与讨论非常重要，比如少数民族群体和土著群体。**例如，在非洲裔美国人社群中，镰状细胞贫血（sickle cell disease）的发病率大大高于这种疾病在全体美国人中的发病率。从技术上来说，使用 HHGE 来预防镰状细胞贫血的遗传具有可行性，但是以往不道德、甚至恶意的医疗行为使得非洲裔美国人对于医疗机构缺乏信任。因此，在推进使用 HHGE 治疗镰状细胞贫血的任何临床应用之前，必须广泛和系统地征集与采纳非洲裔美国人群体的意见。

民间社会的参与

- **需要使民间社会充分理解人类基因组编辑的相关信息。**正如一位受访者所说，“社会必须拥有塑造科学发展方向的机会。”然而，民间社会对“基因组（genome）”、“体细胞（somatic cell）”和“种系（germline）”等科学术语的含义有着不同程度的理解；群众不清楚目前正在开发什么样的基因组编辑应用；也不清楚 HHGE 何种程度的应用是被允许的。因此，科普教育对于加强公众讨论效果有很大影响。
- **在有关 HHGE 的社会讨论中，需要纳入更广泛的主题。**民间社会的公共讨论不能仅仅局限于科学和临床方面，还需要来自人文、社科、伦理和宗教团体的专家意见。一个国家需要讨论的问题包括：HHGE 预防疾病传播的潜力；HHGE 对于社会公平正义的影响；HHGE 对儿童遗传相似性和父母生育偏好性的影响；HHGE 对父母、子女及更广泛的家庭范围等存在的潜在社会和心理影响。一些受访者认为，HHGE 没有可行的合法使用途径，而另一些受访者表示可以设想在某些情况下使用 HHGE。还有一些受访者指出，HHGE 的使用与现有法律和国际条约相冲突。所有这些问题都需要在国家层面进行公开讨论。

- **需要建立并维持辅助开展社会讨论的体系。**这套体系包括：如何落实社会公众对于讨论的参与，如何吸收和采纳不同的观点，如何在国家和国际层面支持与维护这些讨论。如果能够利用社会科学的专业知识来协助制定相关策略，将会使公众讨论更具价值。
- **需要探讨与 HHGE 的开发和潜在应用相关的公开制和问责制。**公开透明制度可以为 HHGE 的使用提供合法性，这包括：向公众提供有关 HHGE 技术的安全性和有效性的证据；如何（以及由谁）对这些证据进行评估并做出是否可以使用 HHGE 的决定；所有临床使用 HHGE 的结果。此外，这些信息需要定期更新。

* 本栏中的信息，基于公众信息汇总议题中委员会所展示和批注的内容。

** 见 https://geneticalliance.org.uk/wp-content/uploads/2016/05/nerri_finalreport15112016.pdf.

## 5.2 现行管理体系下的可遗传编辑

HHGE 的监管体系与现有的其他生物医学研究和临床实践领域的监管体系具有相似之处。由于 HHGE 需要使用基因编辑作为一种辅助生殖的形式，使准父母生下基因组改变的孩子，因此它的监管系统与现有体细胞基因治疗和辅助生殖技术（ART）的监管系统也有一些共同特征。然而，HHGE 的临床应用仍然对当前的管理体系构成挑战。

### 5.2.1 可遗传人类基因组编辑如何与基因治疗的监管相适应

目前正在进行临床开发的许多体细胞基因治疗都依赖基因组编辑技术。体细胞基因治疗在包括美国、日本、中国、印度和欧洲国家在内的国家中被严格监管。在美国、欧盟和中国，体细胞基因组编辑监管的系统主要是基于前几代基因治疗建立的框架进行调整（NASEM，2017）。

美国已经启动了许多基于体细胞基因组编辑的临床试验。这些试验的监管过程包括人体临床试验所需的机构审查，以及生物安全委员会和联邦机构的额外审查。在联邦层面的监管包括要求美国食品药品监督管理局（FDA）通过研究性新药许可（Investigational New Drug license）或其他同等许可进行前置审批。一旦临床试验开始，试验机构需要收集在临床试验阶段的不良事件和纵向数据，并向美国食品药品监督管理局提交汇总报告，以便申请该治疗方案在临床环境下市场化的批准。

其他国家也有类似的监管体系，以确保用于人类的体细胞基因疗法的安全性和有效性得到检测或批准。欧洲药品管理局等地区性组织推行了在基因和细胞治疗产品领域的科学指导方针；还有一些正在进行的国际对话，为推进国际体细胞基因治疗法规的一致性进行了协商[①]。此外，包括智利、哥伦比亚、墨西哥和巴拿马在内的国家明确禁止以增强人体机能为目的的体细胞基因组编辑技术应用（Abou-El-Enein et al.，2017；NASEM，2017）。虽然体细胞基因组编辑与可遗传基因组编辑具有相似性，且这两种技术均依赖于基因组编辑，但两者仍存在一定差异，并且这些差异使得体细胞基因组编辑的监管体系不能直接用于可遗传基因组编辑。

现有的监管体系能够监督遗传疾病患者医疗干预措施的开发和部署，并且也适用于体细胞治疗。体细胞基因组编辑的效果仅存在于该个体的细胞与组织中，不可遗传。在体细胞治疗中，作为知情同意的一部分，治疗对于患者自身的利弊能够被详细地评估和解释。HHGE 则为准父母提供了一种生殖选择，使他们不会将致病基因传递给未来子女。这种可遗传的基因组改变，由于其影响的不确定性，不仅影响儿童个体，还可能影响儿童产生的后代，并且这种影响可能会在遗传很多代后才会显现，因而这种不确定性将会引起一系列的社会顾虑。

### 5.2.2　可遗传人类基因组编辑如何与现有辅助生殖技术管理建立联系

基于上述论述，HHGE 将成为辅助生殖技术（ART）的一种新形式，而 ART 监管体系与体细胞基因疗法监管体系的发展历史有着很大的差异。同时，各个国家对于 ART 的监管法律也有很大区别。我们能够从现有的 ART 监管体系中获得一些重要的经验（Cohen et al.，2020），但 HHGE 与 ART 的差异使得我们难以直接应用现有的 ART 监管系统以实现对 HHGE 的监管。

国际生育协会联合会于 2018 年开展的一项调查，涵盖了 132 个能够提供 ART 的国家中的 89 个，在对调查作出回应的国家中有 64% 都进行了立法来规定这种技术的使用范畴，这些法律监管的核心是对诊所、执照医师和实验室发放许可。违反规定的处罚范围从警告到监禁，其中最常用的处罚包括经济制裁、吊销执照和刑事诉讼（IFFS，2019）。

ART 中与 HHGE 最相关的一项技术就是胚胎植入前遗传学检测（PGT），这项技术将细胞从通过体外受精（IVF）形成的早期胚胎中分离出去并进行遗传分析，随后将具有特定基因型的胚胎移植至代孕子宫以建立妊娠。回应国际生育协会联合会调查的大多数国家对外宣称都允许使用 PGT 以预防单基因疾病。但是只有一半的国家在法律允许使用 PGT 后，进一步地发布了规范和限制 PGT 使用方式的指导方针。

① 见 http://www.iprp.global/working-group/gene-therapy.

研究发现各国判断是否使用 PGT 的准则通常是依据病情的严重程度（Isasi，Kleiderman and Knoppers，2016）。例如，墨西哥立法禁止 PGT 用于“消除或减少严重疾病或缺陷”以外的任何目的，而其他国家则仅允许 PGT 用于治疗有“重大风险”或“无法治疗 / 治愈”的疾病（Isasi，Kleiderman and Knoppers，2016）。此外，英国也利用病情的“严重程度”来判断是否使用 PGT，IVF 与 PGT 联合使用仅限于经过人类受精和胚胎学管理局批准的特定遗传疾病。目前，英国已经允许使用 PGT 治疗超过 600 种疾病，其中包括利用 PGT 来产生与患病的兄弟姐妹免疫匹配的胚胎（“救命手足”，savior sibling PGT）[①]。在法国，只针对“特别严重且无法治愈”的遗传疾病，有高生育风险的夫妇才允许在国家生物医学局（Agence de la Biomédecine）的监督下，根据国家公共卫生法规使用 PGT，且对使用 PGT 的申请进行逐一评估，而不是根据固定的审查条例进行评估。每个专门开展生殖医学的医疗中心的审查委员会将评估所有 PGT 的使用申请，并每年向生物医学局（Biomedical Agency）报告评估结果。这种评估流程使得生物医学局能够对判断使用 PGT 的标准进行回顾性分析，其中包括疾病风险、预期疾病表现和家族病史等。在中国，中国卫生部于 2001 年发布了《人类辅助生殖技术管理办法》，并于 2003 年将其修订为《人类辅助生殖技术与人类精子库评审、审核和审批管理程序》。任何允许使用 ART 的医疗机构都必须符合这些法规和标准，并取得卫生部的批准文件。法律要求能够提供这种技术的医疗机构成立伦理委员会，以审查具体的技术手段或某些特定的案例。PGT 可以提供给那些对于单基因疾病、染色体疾病或伴性遗传疾病具有高生殖风险的夫妇，但其不能用于性别选择。在美国，辅助生殖技术的使用可以直接依据临床医学诊断进行判断，无需监管部门的批准。联邦层面，政府对 PGT 的使用没有任何条件限制；但在州层面，州法律可能会对 PGT 的使用、技术准则以及允许使用的临床医生和准父母进行限制（Bayefsky，2016，2018）。

线粒体置换疗法（MRT）是一种新型的 ART，目前在英国被允许进行临床使用。英国为这项技术制定转化途径和监管制度的方法可以为建立一个 HHGE 国家监管系统提供经验。如第 1 章所述，这些经验包括：在适当的国家监管机构的主持下对新技术进行逐步管控；对于利用新技术孕育不受严重遗传疾病影响且遗传相关的孩子的案例进行限制；仅对案例进行逐个批准，而不是一揽子批准，并在后续许可证颁发之前进行持续追踪审查；尽可能详尽地完善知情同意程序；对后代进行长期随访，并禁止任何超出许可范围的使用。

---

[①] 见 https://www.hfea.gov.uk/treatments/embryo-testing-and-treatments-for-disease/approved-pgd-and-pttconditions/.

### 5.2.3　一些对建立可遗传人类基因组监管体系具有启示的经验教训

与其他医疗技术的监管系统一样，HHGE 的监管系统也需要覆盖基础研究和临床转化的全阶段。由于参与临床转化途径有多个角色实体，监管系统的监督责任也应从个人、机构、国家和国际等不同层面进行划分。同时，研究人员和临床医生将需要自觉遵守相关规定和政策标准。这些应包括或借鉴为管理基因治疗和管理辅助生殖技术而制定的政策。此外，需要为机构委员会制定明确的流程，以审查临床使用规程，包括对参与者进行适当保护。在开始任何 HHGE 临床应用之前，都需要相关的国家咨询机构和国家监管机构的审查，以评估建议使用的背景、临床前证据、临床方案和随访计划。监管系统的全流程需要予以落实，并在国家和国际层面上共享科学、道德和社会层面调查结果，以便更好地评估 HHGE 的安全性、有效性和社会接受程度（见信息栏 5-2）。

**信息栏 5-2　对线粒体置换疗法安全性和有效性进行独立评估的经验**

英国对临床使用线粒体置换疗法（MRT）的现状，以及关于安全性和有效性的临床前证据分别在 2011 年、2013 年、2014 年和 2016 年进行了详细地评估（HFEA，2011，2013，2014，2016）。这几次评估可以为建立一套有关 HHGE 发展的定期审查系统提供经验。从上述几次评估的年份可以看出，随着知识和技术的进步，英国对于 MRT 的临床使用进行了多次审查。在审查过程中，科学界向独立调查小组提供相关证据材料，并交由其审查。这些关于临床前安全性和有效性的最新证据，也为确定哪些患者应该被考虑进行 MRT 最初的人体应用，以及应该进行何种类型的临床随访和结果评估提供了建议。

**MRT 的科学评估**

在关于 MRT 的四次科学评估中，专家小组审查了在模式生物和用于研究的人类胚胎中使用 MRT 的临床前数据，其中包括已发表和未发表的数据。评估的关键问题之一是，使用 MRT 产生的动物——这些动物体内的线粒体完全来源于供体卵——是否拥有正常的发育能力并保证其成体健康。在 20 世纪 80 年代，原核转移已经成功用于小鼠实验，这些小鼠实验能够帮助人们确定安全合适的供体和受体线粒体 DNA（mtDNA）单倍型之间的遗传距离（genetic distance）。在猕猴中进行的母体纺锤体转移实验也很成功，在实验被报道的时候，后代猕猴身体健康且体内检测不到母体 mtDNA。在 2016 年的审查中，调查小组还审查了一些大部分未发表的临床数据。审查中的一份报告显示，在墨西哥出生了一名经过 MRT 的婴儿。这表明，在人类中，MRT 能够潜在产生一名健康的婴儿。但由于这份报告没有提供完整的科学和临床细节，调查小组不愿信赖这些数据。

MRT 关键的临床前数据主要来源于不同研究小组通过原核转移和母体纺锤体转移产生的人类胚胎。这些胚胎中来源于母体卵子的 mtDNA 的含量非常低，并且这些胚胎具有与对照组胚胎相当的发育表型测量参数（如受精率和形成囊胚胚胎的比例）。转录谱分析表明，利用 MRT 产生的胚胎和对照组胚胎具有相当的基因表达水平。

2016 年之前的专家小组认为 mtDNA 的复制可能是影响 MRT 的潜在因素，所以需要研究 MRT 产生胚胎的胚胎干细胞（ESC）中 mtDNA 的比例，以模拟移植后胚胎中的 mtDNA 比例。三个研究小组独立观察到，体外持续培养的胚胎干细胞中，来源于母体卵子的 mtDNA 的水平可能会升高，并在约 20% 细胞的 mtDNA 中占据主导地位，这种现象称为“逆转”（reversion）。这些数据对专家组将该技术引入临床使用的谨慎评估十分重要。专家建议，只有那些卵母细胞中维持着高水平致病性 mtDNA 的女性（对于她们而言，植入前基因检测可能不会成功），在充分考虑潜在利弊的情况下，才有资格接受 MRT 治疗。此外，专家还建议为产妇提供产前检查，以确定胎儿体内的 mtDNA 水平，并据此评估发生体内“逆转”的可能性。同时，人们也一直担心母体核基因组可能与供体 mtDNA 不匹配的问题。虽然在审查时没有直接证据证明这种可能性，但由于将要开展的工作是第一次在人体内进行的，相关的参考数据很少，专家小组仍然建议考虑使用 mtDNA 单倍型匹配（mtDNA haplotype matching）来避免任何潜在风险。

### 5.2.4 法律和监管框架

对 HHGE 的法律和监管现状在各国之间差异很大。HHGE 目前在包括欧洲和美国在内的数十个国家被法律禁止，联邦预算条款目前阻止美国食品药品监督管理局考虑任何临床使用 HHGE 的申请（Kaiser，2019）。在这些国家中，任何临床使用 HHGE 的行为都需要更改相关法规。

所有可能进行 HHGE 研究和临床应用的国家都需要一定的监管机制来监督 HHGE 的使用，并在适当情况下对报道的违反规范的行为施加制裁。由于在 HHGE 出现之前，现有的体外受精和辅助生殖技术已经存在成熟的监管法规，因此任何关于临床使用 HHGE 的问题都应该充分汲取这些现有技术提供的经验。但是，对于 HHGE 这种新兴且饱受争议的技术而言，仅仅依靠专业行为准则和自我监管是不够的。至少，那些没有 HHGE 监管法规的国家，应当制定一些相关法律或规定，以便对任何未经授权使用 HHGE 的行为进行处罚。

任何考虑开发 HHGE 的国家最终都应在本国法律法规下建立起相关的监管设施和监管机构。在英国，《人类受精与胚胎学法案》可以被进一步修正以允许

HHGE 的使用，正如其 2008 年被修正以允许 MRT 的使用。如果美国准备允许 HHGE 临床使用，那么美国政府需要考虑是否在美国食品药品监督管理局或其他州或联邦监管机构中建立额外的机构，以监管辅助生殖技术的使用，因为 HHGE 的使用将会在 ART 的诊所中进行。其他国家可能也需要思考 HHGE 如何适应现有的国家医疗监管系统，或者考虑是否需要建立新的监管流程或修改现有的监管机制，以充分解决 HHGE 的监管需求。

## 5.3　可遗传人类基因组编辑对国家监管系统的要求

为了使 HHGE 顺利地完成转化应用流程，国家监管机构需要为 HHGE 建立特定而明确的标准。对于贯彻上述 HHGE 的管理责任，所有考虑使用 HHGE 的国家都需要建立对潜在的 HHGE 临床转化进展进行监督的机制，以防止并在发生时制裁任何未经允许的 HHGE 应用。国家监督系统制定的 HHGE 标准需要包括以下问题：

- 为研究人员和临床医生提供 HHGE 明确、不含糊的指示；
- 确保研究人员和临床医生遵守科学研究规范，包括相关的人权和生物伦理原则（见信息栏 5-3），以及相关指导方针、标准和政策；
- 对任何考虑中的 HHGE 转化应用做到充分透明；
- 对任何考虑批准的 HHGE 临床应用向国际社会公开透明；
- 建立明确的操作程序和机制，以审查、批准和监督 HHGE 的临床应用；
- 建立限制 HHGE 临床使用的机制，包括限定和管控任何超出允许范围的使用；
- 及时响应国际科学社会对 HHGE 技术的共识，特别是在技术安全性和建议使用范围等领域，最大限度地协同实验方案和共享数据。

**信息栏 5-3　遵守人权和生物伦理原则**

具有法律约束力的人权和既定的人权规范，对制定适当使用医疗干预措施的框架具有影响[a]。虽然人权理论的论述和生物医学伦理的论述长期以来已经混为一谈，但两种论述所对应准则的规范目的和影响是不同的。尽管人权理论的框架是相同的，但由于不同国家具有不同的宗教或文化背景，人权理论在适应不同国家现状后的结果是不同的。人权理论在法律上具有可诉性，其既属于个人，也属于集体。但是在生物医学伦理的政策或条例中使用的“权利”，如“儿童享有自由选择未来的权利”，只是一个伦理概念，而不是法律中承认的儿童权利。

HHGE 监管系统的建立为国际社会建立一套公认的人权体系提供了机会，这套人权体系能够影响有关 HHGE 的法律、政策和监管措施的制定。但是，利用人权体系来制定、界定或者扩大某些概念（诸如进行科学研究的自由、每个人从科学进步中获益的权利、儿童获得最高的健康标准的权利，甚至是未来世代人类的权利）的可能性还没有被审议 HHGE 的国际机构讨论过。利用现有的国际或国家监管机构对这些权利进行监管的可行性仍待讨论。这些问题可以作为未来建立 HHGE 管理体系的基础被进一步探索，同时世界卫生组织的专家小组也在围绕这些问题进行讨论。

使用 HHGE 必须遵照生物伦理准则。自 1947 年制定《纽伦堡守则》（*Nuremberg Code*）以来，生物医学研究领域一直受益于国际社会对科学发展的伦理指导（WMA，2013；UNESCO，2015；CIOMS，2016）。这些规范虽然在本质上是自我约束，但仍受到了公众重点关注的热点问题的影响，如人类生殖细胞的人为干预问题。尽管不同的组织和报告对生物伦理准则的诠释有着轻微的差异，但这些诠释仍然具有许多共同点（NASEM，2019a）。例如，美国国家科学院在 2017 年发布的人类基因组编辑报告中，提出了七条原则指导人类基因组编辑监管系统的发展。这些原则反映了这些规范要点：促进健康、透明度、尽职关怀、科学责任、尊重他人、公平公正和国际合作（NASEM，2017）。纳菲尔德生物伦理委员会在其关于基因组编辑和人类生殖的报告中指出，有两个“首要原则”应指导 HHGE 的使用，以使其在道德上被接受：HHGE“只有在过程的实施方式和目的是为了确保或符合可能利用这些细胞而出生的人的福祉的情况下才能使用”；HHGE“只有在不被预期它会造成或加剧社会分裂或不合理的社会分层和不公正的情况下才应被允许”。世卫组织人类基因组编辑专家咨询小组提出了合理监管 HHGE 使用的六项价值、准则和目标：“①清晰、透明和问责；②负责任地管理资源；③包容、团结和共同利益；④公平、非歧视和社会正义；⑤尊重人的尊严；⑥执行能力。”[b]

由于对 HHGE 使用进行最终决策是每个独立司法管辖区的职能，各国应对任何提议的 HHGE 应用仔细审查，只有在其符合前文所述的人权和伦理原则的情况下，才能批准使用。

[a] 和 HHGE 相关的重要人权文书：《儿童权利公约》（1989）；《人权与生物医学公约》（奥维耶多）（1997）；《残疾人权利公约》（2006）。

[b] 世界卫生组织，人类基因编辑：管理框架草稿，7 月 3 日，2020. 详情可访问：https://www.who.int/docs/default-source/ethics/governance-framework-forhuman-genome-editing-2ndonlineconsult.pdf?ua=1.

## 5.4　建立全球范围内协调和协作的系统

尽管各国在有关 HHGE 的研究或临床应用方面拥有各自的决策机构，在国际上进行科学及伦理上的合作也至关重要。因此，HHGE 的转化途径需要一个超越国家 / 地区边界的管理体系，以便能够对被批准的 HHGE 临床应用及其所产生的结果进行公正和透明的讨论。这是基于以下几个原因：

- 对人类基因组可能产生可遗传变化的新技术的应用，与全体人类的利益息息相关；
- 开发这些技术的研究和临床团体是全球性的，而且这些技术的影响超越国界；
- 不同国家的公民为了寻求获得 HHGE 会前往其他国家；
- 按照本报告中所述途径进行的 HHGE 的任何初始应用都仅涉及少数人，因此跨越国界来收集信息并进行比较，可以更充分地获取其安全性和有效性的数据，从而将其改善来加以推广。

关于生物医学研究和临床应用，一般而言，各国会有以下几种方式进行管理：在其医疗卫生体系中，对许可权和相应的职业职责设定相关法律和法规；设立法定监督机构；较罕见地，对特定领域或技术进行立法。各个国家或者国家联盟所采用的措施各不相同。任何拟议的 HHGE 国际管理体系应至少包括以下三部分职能：

1. 一个国际科学咨询小组，咨询小组负责对 HHGE 所依赖的科学和技术的发展进行持续的技术评估，并就其对特定临床用途的适用性和完备性提出建议。

2. 一个国际机构实体，在对伦理和科学的观点进行综合考量的基础上，国际机构对 HHGE 临床使用上可能遇到的关键门槛问题进行评估并提出相应的解决建议。目前，门槛体现在如何划分出当前可接受和不可接受的使用界限。在跨过任何门槛之前，很重要的一点在于：全球社会不仅要评估科学研究的进展，而且还要评估特定用途可能会引起的伦理和社会关注，以及评估迄今为止任何应用中所观察到的所有结果、成就或问题。

3. 一个国际检举机制，任何个人或者组织都可以通过该机制对本国或者他国的 HHGE 活动在技术上或者伦理上提出质疑。

这些基础功能将在下面进行具体阐述。

### 5.4.1　负责监测和评估相关的科学和临床进程的国际科学咨询小组

正如整个报告所强调的那样，在任何国家考虑批准 HHGE 的临床应用之前，进一步的技术发展是必不可少的。因此，目前我们需要对 HHGE 所依赖的科学和技术的发展进行持续的技术评估，并就其对特定临床用途的适用性和就绪性提出建议。在目前尚且无法对基因组编辑进行全面的分析和评估的情况下，任何HHGE方法都尚不成熟。此外，即便拥有了转化途径的基本特征，也不意味着某个国家就必须同意开展初始临床应用。

因此，设立国际咨询机构就存在其必要性。咨询机构将定期审查最新的科学证据并评估其对HHGE可行性的潜在影响。此类科学审查的基本功能包括：

- 对未来的研究进展提供相应的评估和指导，从而促进HHGE研究过程中技术上或转化上里程碑的实现；
- 汇总已有的评估和监督工作，并向国家监管机构或其等效机构进行报告；
- 促进研究设计的协调性或标准化，以提高跨领域研究、跨国界比较和汇总数据的能力；
- 提出相关举措，以对经过HHGE改造而出生的儿童进行长期随访；
- 审查来自任何规范使用HHGE的临床结果数据，并就将来可能的应用风险、收益和不确定性提供建议。

现有的一些国际活动对HHGE的基础科学技术的评估发挥着重要的促进作用。两次由不同的科学研究院（包括美国国家科学院和医学研究院、英国皇家学会、中国科学院和香港科学研究院等）召集的有关人类基因组编辑的国际峰会将全球科学界聚集在一起，对与HHGE相关的内容进行了展示和报告。下一次峰会计划在2021年举行。

科学或医学领域的专业协会也能在科学评论和标准制定中发挥其作用。在干细胞研究领域，国际干细胞研究学会拥有一个优秀的机制。他们制定并修订了有关干细胞领域研究和临床实践的相关指南（ISSCR，2016）。在辅助生殖技术（ART）领域，美国辅助生殖技术协会（SART）提供了来自体外受精（IVF）诊所的数据以进行研究和比较，并正在与美国法学院协会合作开发知情同意的标准化文件[①]。

但是，这些活动很大程度上都是非正式和临时的。这些示例表明，尽管现有的机制和流程可以完成某些必要的功能，但没有一个现存的机构或组织可以为正在进行的、对于HHGE必要的技术提供评估上的建议。

因此，委员会建议成立一个国际科学咨询小组（ISAP），该小组将定期提供科学和技术评估，作为上述可遗传人类基因组编辑（HHGE）的国际化管理的一部分（图5-1）。ISAP需要得到各国政府的认可，以具备履行这些职能所需的地位和影响力。它也需要具有灵活性，以便允许HHGE科学研究领域有快速发展的潜

[①] 见www.sart.org. 2017年最新SART临床报告可访问：https://www.sartcorsonline.com/rptCSR_PublicMultYear.aspx?reportingYear=2017，2018年报告初稿可访问：https://www.sartcorsonline.com/rptCSR_PublicMultYear.aspx?reportingYear=2018.

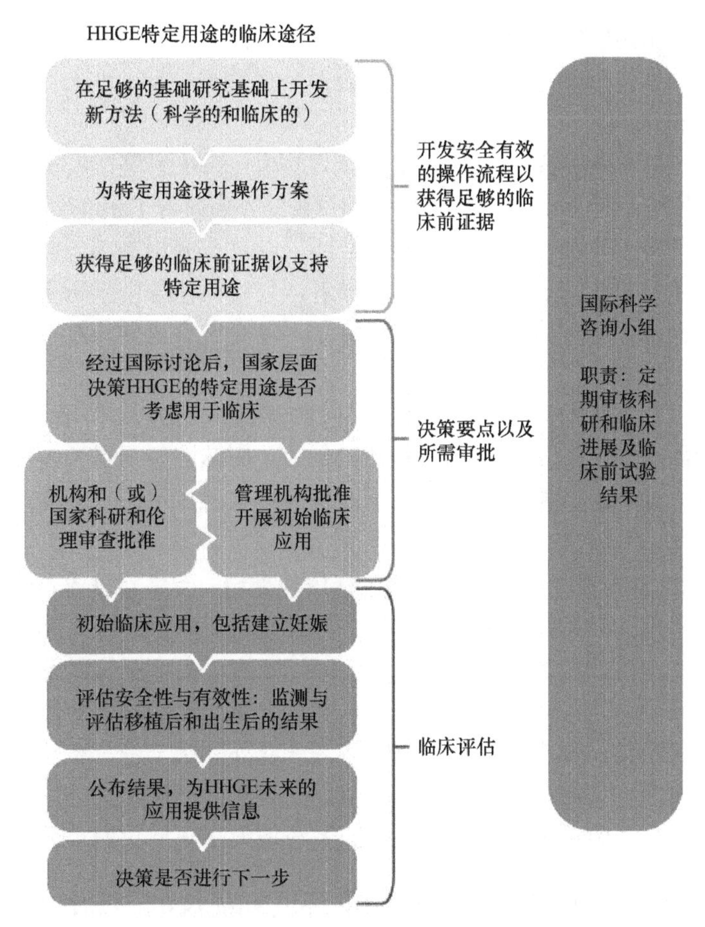


图 5-1　国际科学咨询小组将在整个 HHGE 治疗严重单基因遗传病的临床转化途径中提供定期的、独立公正的评估。如第 4 章所描述，这些评估将包括：临床前研究进展的回顾分析；目前的技术进展能否满足某项 HHGE 的应用；必要情况下对国家自有的顾问、管理机构的审核提供意见；分析所批准的应用所有可能的结果。

力。小组需要定期召开会议（现场或者虚拟会议），每年至少召开一次，当然也可以根据需要召开其他会议和讨论。为了让工作更加高效，国际科学咨询小组应具有多元化、多学科的成员组成，其中也需要包括一些独立专家，他们可以对基因组编辑和相关辅助生殖技术的安全性及有效性的科学证据进行公正的评估。咨询小组应该包括来自多学科的国际专家，包括遗传学、基因组编辑、生殖医学、儿科和成人医学、生物伦理学、法律以及其他领域。这种组合搭配类似于数据安全和监控委员会（DSMB）或数据监控委员会（DMC）。二者都管理着大型的、多站点的临床试验，并且都旨在确保临床相关的特定领域，包括临床试验方法和分析、生物统计学，以及临床试验伦理设计、临床试验执行评估等领域拥有相关专家[①]。因为咨询小组将对相应的证据进行评估，进而决定是否支持推动用于治疗严重的单基因疾病的 HHGE 的初始应用，委员会也需要包括一些公众代表，包括来自遗传疾病和残疾人群体的成员。

现有的国家和国际关系网络可以用于帮助确定该小组潜在成员的提名。例如，国家科学和医学研究院、全球科学院网络（InterAcademy Partnership）、相关领域的国家和国际专业学会、遗传病和残疾社团，以及政府相关部门的科学、医学和技术专家都可以推选自己学科领域的领导者，为这项任务带来所需的专业知识和合作精神。此外，需要进行国内和国际讨论，以商定小组的职权范围、召集人以及活动的资助方式。

委员会认为 ISAP 的建立应独立于任何特定的机构或组织，并在建议中强调，针对任何 HHGE 的转化途径，为了能使国家或者国际的管理机构收到科学和临床证据的独立专业意见，都需要建立一个系统且严格的方法，从而实现上述科学审查的五个功能。

与 HHGE 相关领域的科学进展，包括体外受精、受精卵植入前基因检测，会对第 4 章中提出的转化途径所需要达到的标准是否被满足产生影响。由于该途径是基于当下的科学状况提出的，并且是为 HHGE 的首次可能使用而设想的，因此，我们需要对新的科学技术的发展持有开放态度。新科技的产生和发展可能会改变甚至代替我们目前所设想的需要采用的方法。此外，对于进一步的基础研究、临床前试验，以及任何将来的初始实际应用得到的数据进行评估也很重要。

委员会坚信，目前非正式的、临时的系统还无法满足我们实现以上职能。

### 5.4.2 跨越人类基因组编辑门槛前的评估和建议的国际性机构

根据 HHGE 可能存在的危害和益处的评估，本报告将可能的临床用途进行了分类，重点放在初始临床用途。但是，对于是否允许 HHGE 及其使用目的，需要的不仅仅是科学上的评估，还应该广泛考量各种因素。对于超越临床前开发阶段的 HHGE 人类初始应用，我们应该基于科学、道德和社会意义做出决定。各个国家都需要参加到这个讨论中来，讨论何时可以推进 HHGE、允许使用的门槛应该如何设置。是否跨过门槛设置允许 HHGE 的进一步使用，后续决策也同样需要各个国家的讨论。这样一个透明性的全球讨论同样需要由某个机构来定期的组织，并确保能得到各个不同领域的观点（图 5-2）。

---

① 详见 FDA 指南：https://www.fda.gov/regulatory-information/search-fda-guidance-documents/establishmentand-operation-clinical-trial-data-monitoring-committees；以及 NIH 指南：https://www.nidcr.nih.gov/research/human-subjects-research/toolkit-and-education-materials/interventionalstudies/data-and-safety-monitoring-board-guidelines.

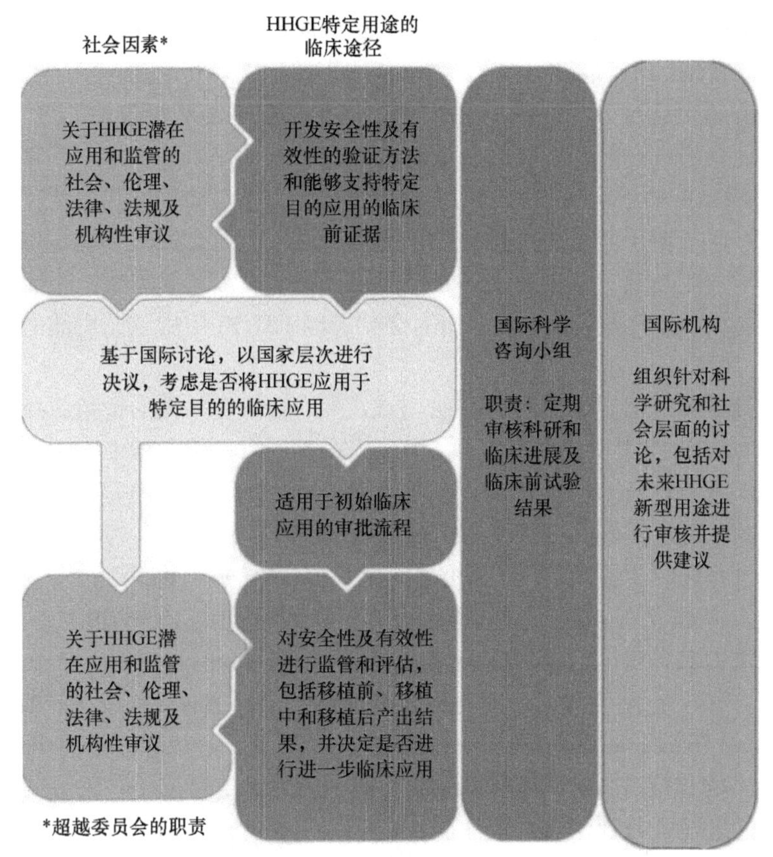


图 5-2　为了决定是否能够跨越关键门槛以及阐释 HHGE 潜在临床应用的转化途径，我们需要寻求国际上的广泛讨论。

目前，已经存在一些负责组织国际讨论的机构，他们会对医疗技术的发展以及监管召开国际讨论，如世界卫生组织（WHO）、经济合作与发展组织（OECD）和联合国教科文组织（UNESCO）等。他们都具有必要的经验，可以召开一个关于是否以及如何进行 HHGE 的包容的、透明的辩论。其他的机构组织也可以被选择来履行这个职责。

无论该国际机构身处何处或者有何种架构，它都需要来自各行各业的人来提供广阔的视野，包括：①未来可能会受到 HHGE 应用影响的利益相关者群体，如残疾人和遗传病患者群体的成员；②科学领域，包括医学和社会科学；③法律、道德和法规。同时，有些国家因为始祖突变或者近亲结合率高等因素而具有较高的遗传疾病发生率。因而，来自于这些国家的专家也应该被包括到该机构中。与现任委员会一样，评估将会呈现给相关行政机构，从而为国家和国际决策提供参考。

如果HHGE的初始临床应用被准许，这些应用也只能是在满足预先确立的条件下被考虑使用，并且最好只涉及少量的应用案例（约10～20个）。假设对任何初始应用的结果进行分析，并没有引起对HHGE安全性和有效性的进一步关注，那么可能适合考虑在超出本委员会最初设想的情况下使用HHGE。在完成初始案例并进入HHGE的下一步临床应用之前，国际社会不仅要暂停和重新评估当下的科学状况，而且要重新考虑可能会引起的新的伦理和社会性的关注与焦虑。新的应用类别不一定与第3章中定义的6个类别相符合，因此就需要一个国际机构参与其中，组织国际性的讨论，对是否有必要跨越HHGE应用方面后续的门槛提出建议。

在委员会规定情况之外的HHGE潜在应用，会给更多人的生殖选择打开新的大门。将HHGE应用在类别B所规定的夫妇，而不只是第3章中所定义的少数的情况，将意味着该技术所能普及的范围显著扩大。因此，我们需要一个权威机构来评估新的、可靠的转化途径是否可行，以及这些途径应包含哪些内容。

这一进程同时也需要民间组织的配合，以促进在相应的医疗技术发展方面的国际合作。例如，为了促进有关基因编辑的国际跨学科讨论（Hurlbut et al.，2018），全球基因组编辑观察小组（Global Observatory on Genome Editing）正在建立。同样，2018年成立了基因编辑研究与创新责任协会（the Association for Responsible Research and Innovation in Genome Editing，ARRIGE），以促进基因组编辑的全球管理[①]。ARRIGE和全球基因组编辑观察小组都对是否使用基因组编辑技术及其使用目的进行了跨部门的讨论。

也有一些国际程序更加注重促进负责任的科学行为，例如，由国家监察机构、工业界、国际组织成员所组成的人用药品注册技术要求国际协调会（International Council for Harmonisation of Technical Requirements for Pharmaceuticals for Human Use，ICH）制定的临床试验的良好临床实践指南（Good Clinical Practice guidance for clinical trials）[②]。ICH所编辑的实践指南经过三个步骤得以成型：先组建一个专家工作组以起草有关某个问题的技术文档，再由监管人员整合并制定该指南草案，指南草案经过一系列咨询和修订，最终被ICH接纳。尽管对HHGE的管理所需要涵盖的社会群体比ICH更加广泛和复杂，这种逐步的过程有利于激励利益相关者参与到制定进程中，并给予支持。世界卫生组织于2019年启动了全球基因组编辑临床试验注册中心的初始阶段，这也是监测HHGE进展并对国家管辖范围内正在采取的行动保持警醒的重要一步[③]。

[①] 见 https://www.arrige.org.

[②] 见 https://www.ich.org.

[③] 相关注册信息可从以下地址获得：https://www.who.int/health-topics/ethics/human-genome-editingregistry/. 注册中心收集的临床试验信息包括使用体细胞基因组编辑和任何使用HHGE技术进行的临床试验。

### 5.4.3　引发人们对可遗传基因组编辑研究或临床使用的关注的机制

2018 年，在中国，当使用 HHGE 的孩子的出生被公布之后，一个重要的问题摆在了世人面前：当某人知道某项引发争议的工作正在被实施的时候，如何去引起关注，尤其是当知情人与研究者和研究所在地不在同一个国家的情况。目前还没有一个已知的国际机制可以让个人反馈此类问题。

在 HHGE 的未来管理上，需要建立一个国际性的民众反馈机制，可以让个人和组织对于有可能破坏相关管理，或者在其司法管辖区内、但是没有得到有效监管的，有关 HHGE 的临床应用活动进行反馈，从而引起社会的关注。这个机制需要一个高度公开、易于接触的部门，各地的民众都可以对任何国家有关 HHGE 的活动提出担忧。在此机制的开展过程中，请务必牢记，对科学或临床实践提出疑虑可能会对投诉人的个人和职业产生影响。因此，对使用此服务的任何人保持匿名非常重要。同样，在没有事先调查以前，出于保护个人、机构和企业免受虚假指控的目的，投诉的详细信息也不应该公之于众。此类调查属于国家监管机构的责任范围，应由国际组织通知这些当局，有投诉指向了其管辖范围内的人。

尽管没有确切的先例，但有一些相关示例可以为此类机制的设计提供参考。世界反兴奋剂组织（WADA）有一种类似的方式：任何人都可以举报“涉嫌违反反兴奋剂规定的行为或任何可能破坏与兴奋剂斗争的行为或不作为”。一些研究资助者还建立了相关机制，以便于对他们资助的研究人员提出的投诉进行调查。

## 5.5　结论和建议

对 HHGE 临床应用转化途径的探索意味着，作为辅助生殖干预的一部分，将使用基因组编辑工具对人类胚胎基因组进行可控的改变。任何一个在进行 HHGE 相关研究或准备进行相关研究的国家，都需要建立针对此技术的监管系统，即使国家之间这个监管体系在结构以及方式上有所不同。HHGE 管理所需的结构也要求新的国际协作模式。

我们需要对复杂的科学和临床数据进行分析，从而确定临床评估所确立的用途是否被满足，并且将所有可能产生的结果纳入到未来的讨论和决策中。实现国家内部以及国际的协调合作将是一大挑战。这就是为何我们需要建立一个稳健有效的流程，使得 HHGE 的发展能够建立在合适的、透明的、共享的责任担当上，只有在科学界达成一致意见，并且特定国家允许使用的情况下，HHGE 的应用才能得以谨慎推进。

在此，委员会建议将以下行动作为这个进程的一部分。

### 5.5.1 针对可遗传人类基因组编辑监管系统的必备元素

在重要的国家以及国际管理部门与机制得以建立之前，任何 HHGE 的临床使用都不得被允许。

**建议 8**：任何国家，在考虑临床使用可遗传人类基因组编辑的情况下，都应建立相关机制和主管监管机构，以确保满足以下所有条件：

- 开展与 HHGE 相关活动的个人及其监督机构遵守既定的人权、生物伦理和全球管理原则；
- HHGE 的临床使用应采取最佳的配套技术路线，如线粒体替代技术、植入前遗传检测和体细胞基因组编辑；
- 对科研进展和 HHGE 的安全性、有效性进行独立的国际评估，并根据评估结果做出决策，评估结果应表明该技术已经发展到可以考虑用于临床的程度；
- 由适当的机构或程序对所有使用 HHGE 的申请进行科学和伦理的前瞻性审查，并根据具体情况逐一做出决定；
- 由适当的机构发布正在接受考察的 HHGE 应用申请；
- 获批申请的细节（包括遗传条件、实验室程序、实验室或诊所，以及国家级监督机构）应向公众公开，同时保护家庭身份；
- 详细操作流程和结果应发表在同行评审的期刊上，以传播有助于该领域发展的知识；
- 独立研究员和实验室应强制执行科学行为责任准则；
- 研究人员和临床医生应发挥主导作用，组织和参加公开的国际讨论，协调和共享科学、临床、伦理的相关结果，评估社会发展对 HHGE 的安全性、有效性、长期监测和社会接受性产生的影响；
- 在提供 HHGE 临床应用之前，制定并执行 HHGE 临床应用的实践指南、标准和政策；
- 接收并核查有偏离既定准则的报告，应酌情实施制裁。

**建议 9**：在临床上使用可遗传人类基因组编辑（HHGE）之前，应建立有明确的角色和职责的国际科学咨询小组（ISAP）。ISAP 应拥有多样化、多学科的成员，并应包括能够评估基因组编辑和相关辅助生殖技术的安全性及有效性科学证据的独立专家。

ISAP 应该：

- 定期提供有关 HHGE 所依赖技术的进展和评估的最新信息，并推荐达到技术或转化里程碑所需的进一步研究方向；

- 评估在考虑将HHGE用于临床的任何情况下是否满足临床前要求；
- 审查所有被监管使用HHGE的临床结果数据，并就可能进一步应用的科学和临床风险以及潜在益处提供建议；
- 向建议10中所述的国际机构提供关于所有有效的转化途径的意见和建议；如国家监管机构有要求，也应提供。

**建议10：**为了深入进行可遗传人类基因组编辑（HHGE）的应用，超出HHGE最初用途类别所定义的转化途径，应当由具备适当地位和不同专业知识及经验的国际机构来评估并建议任何拟议的新使用类别。这个国际机构应该：

- 明确定义每一个提案的新用途类别及其限制；
- 围绕新用途类别的相关社会问题，引导并召集持续的公开讨论；
- 就是否可以超过原有界限，以及是否允许启用新用途类别提出建议；
- 为新用途类别提供有效的转化途径。

**建议11：**应建立一个国际机制，通过该机制，可以关注偏离既定准则或建议标准的可遗传人类基因组编辑的研究或行为，将其传达给相关国家主管部门并公开披露。

# 参考文献


Aach, J., J. Lunshof, E. Iyer, and G. M. Church. 2017. Addressing the ethical issues raised by synthetic human entities with embryo-like features. *eLife* 6:e20674. doi:10.7554/eLife.20674.

Abou-El-Enein, M., T. Cathomen, Z. Ivics, C. H. June, M. Renner, C. K. Schneider, and G. Bauer. 2017. Human genome editing in the clinic: New challenges in regulatory benefit-risk assessment. *Cell Stem Cell* 21(4): 427-430. doi:10.1016/j.stem.2017.09.007.

Acuna-Hidalgo, R., J. A. Veltman, and A. Hoischen. 2016. New insights into the generation and role of de novo mutations in health and disease. *Genome Biology* 17(1): 241. doi.org: 10.1186/s13059-016-1110-1.

Adashi, E. Y. and Cohen, I. G. 2019. Heritable genome editing: Is a moratorium needed? *JAMA* 322(2): 104-105. doi:10.1001/jama.2019.8977.

Adashi, E. Y., I. G. Cohen, J. H. Hanna, A. M. Surani, and K. Hayashi. 2019. Stem cell-derived human gametes: The public engagement imperative. *Trends in Molecular Medicine* 25(3): 165-167. doi:10.1016/j.molmed.2019.01.005.

Adikusuma, F., S. Piltz, M. A. Corbett, M. Turvey, S. R. McColl, K. J. Helbig, M. R. Beard, J. Hughes, R. T. Pomerantz, and P. Q. Thomas. 2018. Large deletions induced by Cas9 cleavage. *Nature* 560:E8-E9. doi:10.1038/s41586-018-0380-z.

Alanis-Lobato, G., Zohren, J., McCarthy, A., Fogarty, N. M. E., Kubikova, N., Hardman, E., Greco, M., Wells, D., Turner, J. M. A., and Niakan, K. K. 2020. Frequent loss-of-heterozygosity in CRISPRCas9-edited early human embryos. *bioRxiv* 2020.06.05.135913. doi:10.1101/2020.06.05.135913.

Altarescu, G., Brooks, B., Eldar-Geva, T., Margalioth, E. J., Singer, A., Levy-Lahad, E., and Renbaum, P. 2008. Polar body-based preimplantation genetic diagnosis for N-acetylglutamate synthase deficiency. *Fetal Diagnosis and Therapy* 24(3): 170-176. doi:10.1159/000151333.

ANM (Académie Nationale de Médecine). 2016. Genome editing of human germline cells and embryos. Paris, France. http://www.academie-medecine.fr/wp-content/uploads/2016/05/report-genomeediting-ANM-2.pdf.

Anzalone, A. V., P. B. Randolph, J. R. Davis, A. A. Sousa, L. W. Koblan, J. M. Levy, P. J. Chen, C. Wilson, G. A. Newby, A. Raguram, and D. R. Liu. 2019. Search-and-replace genome editing without double-strand breaks or donor DNA. *Nature* 576: 149-157. doi:10.1038/s41586-019-1711-4.

Archer, N. M., N. Peterson, M. A. Clark, C. O. Buckee, L. M. Childs, and M. T. Duraising. 2018. Resistance to *Plasmodium falciparum* in sickle cell trait erythrocytes is driven by oxygendependent growth inhibition. *PNAS* 115(28): 7350-7355. https://doi.org/10.1073/pnas.1804388115.

ASGCT (American Society of Gene and Cell Therapy). 2019. Letter to HHS Secretary Azar. https://www.asgct.org/global/documents/clinical-germline-gene-editing-letter.aspx.

Bailey, S. R., and M. V. Maus. 2019. Gene editing for immune cell therapies. *Nature Biotechnology* 37:

1425-1434. doi:10.1038/s41587-019-0137-8.

Bay, B., H. J. Ingerslev, J. G. Lemmen, B. Degn, I. A. Rasmussen, and U. S. Kesmodel. 2016. Preimplantation genetic diagnosis: A national multicenter obstetric and neonatal follow-up study. *Fertility and Sterility* 106(6): 1363-1369. doi:10.1016/j.fertnstert.2016.07.1092.

Bayefsky, M. 2018. Who should regulate preimplantation genetic diagnosis in the United States? *AMA Journal of Ethics* 20(12):E1160-1167. doi:10.1001/amajethics.2018.1160.

Bayefsky, M. J. 2016.Comparative preimplantation genetic diagnosis policy in Europe and the USA and its implications for reproductive tourism. *Reproductive Biomedicine and Society Online* 3: 41-47. doi:10.1016/j.rbms.2017.01.001.

Ben Khelifa, M., R. Zouari, R. Harbuz, L. Halouani, C. Arnoult, J. Lunardi, and P. F. Ray. 2011. A new AURKC mutation causing macrozoospermia: Implications for human spermatogenesis and clinical diagnosis. *Molecular Human Reproduction* 17(12): 762-768. doi.org: 10.1093/molehr/gar050.

Bender, W., M. Akam, F. Karch, P. A. Beachy, M. Peifer, P. Spierer, E. B. Lewis, and D. S. Hogness. 1983. Molecular genetics of the bithorax complex in *Drosophila melanogaster*. *Science* 221(4605): 23-29. doi:10.1126/science.221.4605.23.

Berntsen, S., V. Soderstrom-Antilla, U. B. Wennerholm, H. Laivuori, A. Loft, N. B. Oldereid, L. B. Romundstad, C. Bergh, and A. Pinborg. 2019. The health of children conceived by ART: "The chicken or the egg?" *Human Reproduction Update* 25(2): 137-158. doi:10.1093/humupd/dmz001.

Bibikova, M., K. Beumer, J. K. Trautman, and D. Carroll. 2003. Enhancing gene targeting with designed zinc finger nucleases. *Science* 300(5620): 764. doi:10.1126/science.1079512.

Bioethics Advisory Committee, Singapore. 2018. *Ethical, Legal and Social Issues Arising From Mitochondrial Genome Replacement Therapy: A Consultation Paper*. Available at https://www.bioethics-singapore.gov.sg/files/publications/consultation-papers/mitochondrialgenome-replacement-tech.pdf.

Blair, D. R., C. S. Lyttle, J. M. Mortensen, C. F. Bearden, A. B. Jensen, H. Khiabanian, R. Melamed, R. Rabadan, E. V. Bernstam, S. Brunak, L. J. Jensen, D. Nicolae, N. H. Shah, R. L. Grossman, N. J. Cox, K. P. White, and A. Rzhetsky. 2013. A nondegenerate code of deleterious variants in Mendelian loci contributes to complex disease risk. *Cell* 155(1): 70-80. doi:10.1016/j.cell.2013.08.030.

Bosley, K. S., M. Botchan, A. L. Bredenoord, D. Carroll, R. A. Charo, E. Charpentier, R. Cohen, J. Corn, J. Doudna, G. Feng, H. T. Greely, R. Isasi, W. Ji, J. S. Kim, B. Knoppers, E. Lanphier, J. Li, R. Lovell-Badge, G. S. Martin, J. Moreno, L. Naldini, M. Pera, A. C. F. Perry, J. C. Venter, F. Zhang, and Q. Zhou. 2015. CRISPR germline engineering: the community speaks. *Nature Biotechnology* 33(5): 478-486. doi:10.1038/nbt.3227.

Botstein, D., R. L. White, M. Skolnick, and R. W. Davis. 1980. Construction of a genetic linkage map in man using restriction fragment length polymorphisms. *American Journal of Human Genetics* 32(3): 314-331.

Braude, P. 2019. Assisted reproduction techniques for avoiding inherited diseases: Practical aspects of PGD and results. Presentation to the International Commission on Clinical Use of Human Germline Genome Editing, November 19, 2019.

Bredenoord, A. L., and I. Hyun. 2017. Ethics of stem cell-derived gametes made in a dish: Fertility for everyone? *EMBO Molecular Medicine* 9: 396-398. doi:10.15252/emmm.201607291.

Brioschi, S., F. Gualandi, C. Scotton, A. Armaroli, M. Bovolenta, M. S. Falzarano, P. Sabatelli, R. Selvatici, A. D'Amico, M. Pane, G. Ricci, G. Siciliano, S. Tedeschi, A. Pini, L. Vercelli, D. De Grandis, E. Mercuri, E. Bertini, L. Merlini, T. Mongini, and A. Ferlini. 2012. Genetic characterization in symptomatic female DMD carriers: Lack of relationship between Xinactivation, transcriptional DMD allele balancing, and phenotype. *BMC Medical Genetics* 13: 73. doi.org: 10.1186/1471-2350-13-73.

Brokowski, C. 2018. Do CRISPR germline ethics statements cut it? *The CRISPR Journal* 1(2): 115-125. doi:10.1089/crispr.2017.0024.

Brown, S. D. M., and H. V. Lad. 2019. The dark genome and pleiotropy: Challenges for precision medicine. *Mammalian Genome* 30(7-8): 212-216. doi:10.1007/s00335-019-09813-4.

Brzeziańska, E., Domańska, D., and Jegier, A. 2014. Gene doping in sport—perspectives and risks. *Biology of Sport* 31(4): 251-259. doi.org: 10.5604/20831862.112093.

Burnham-Marusich, A. R., C. O. Ezeanolue, M. C. Obiefune, W. Yang, A. Osuji, A. G. Ogidi, A. T. Hunt, D. Patel, and E. E. Ezeanolue. 2016. Prevalence of sickle cell trait and reliability of self-reported status among expectant parents in Nigeria: Implications for targeted newborn screening. *Public Health Genomics* 19(5): 298-306. doi:10.1159/000448914.

Cacheiro, P., V. Muñoz-Fuentes, S. A. Murray, M. E. Dickinson, M. Bucan, L. M. J. Nutter, K. A. Peterson, H. Haselimashhadi, A. M. Flenniken, H. Morgan, H. Westerberg, T. Konopka, C. Hsu, A. Christiansen, D. G. Lanza, A. L. Beaudet, J. D. Heaney, H. Fuchs, V. Gailus-Durner, T. Sorg, J. Prochazka, V. Novosadova, C. J. Lelliott, H. Wardle-Jones, S. Wells, L. Teboul, H. Cater, M. Stewart, T. Hough, W. Wurst, R. Sedlacek, D. J. Adams, J. R. Seavitt, G. Tocchini-Valentini, F. Mammano, R. E. Braun, C. McKerlie, Y. Herault, M. Hrabě de Angelis, A. Mallon, K. C. K. Lloyd, S. D. M. Brown, H. Parkinson, T. F. Meehan, D. Smedley, The Genomics England Research Consortium, and The International Mouse Phenotyping Consortium. 2020. Human and mouse essentiality screens as a resource for disease gene discovery. *Nature Communications* 11: 655. doi:10.1038/s41467-020-14284-2.

Capecchi, M. 2005. Gene targeting in mice: functional analysis of the mammalian genome for the twentyfirst century. Nature Reviews Genetics 6: 507-512. doi.org: 10.1038/nrg1619.

Cavaliere, G. 2017. A 14-day limit for bioethics: The debate over human embryo research. *BMC Medical Ethics.* 18: 38. doi:10.1186/s12910-017-0198-5.

CEST (Commission de l'Éthique en Science et en Technologie). 2019. *Genetically modified babies: Ethical issues raised by the genetic modification of germ cells and embryos*. Québec City, Québec. https://www.ethique.gouv.qc.ca/media/1038/cest_modif_gene_resume_an_acc.pdf.

Chen, D., N. Sun, L. Hou, R. Kim, J. Faith, M. Aslanyan, Y. Tao, Y. Zheng, J. Fu, W. Liu, M. Kellis, and A. Clark. 2019. Human primordial germ cells are specified from lineage-primed progenitors. *Cell Reports* 29(13): 4568-4582. doi:10.1016/j.celrep.2019.11.083.

Chen, J. S., Dagdas, Y. S., Kleinstiver, B. P., Welch, M. M., Sousa, A. A., Harrington, L. B., Sternberg,

S. H., Joung, J. K., Yildiz, A., and Doudna, J. A. 2017. Enhanced proofreading governs CRISPRCas9 targeting accuracy. *Nature* 550(7676): 407-410. doi.org/10.1038/nature24268.

Chen, R., L. Shi, J. Hakenberg, B. Naughton, P. Sklar, J. Zhang, H. Zhou, L. Tian, O. Prakash, M. Lemire, P. Sleiman, W. Y. Cheng, W. Chen, H. Shah, Y. Shen, M. Fromer, L. Omberg, M. A. Deardorff, E. Zackai, J. R. Bobe, E. Levin, T. J. Hudson, L. Groop, J. Wang, H. Hakonarson, A. Wojcicki, G. A. Diaz, L. Edelmann, E. E. Schadt, and S. H. Friend. 2016. Analysis of 589,306 genomes identifies individuals resilient to severe Mendelian childhood diseases. *Nature Biotechnology* 34(5): 531-538. doi:10.1038/nbt.3514.

Chen, Y., Y. Zheng, Y. Kang, W. Yang, Y. Niu, X. Guo, Z. Tu, C. Si, H. Wang, R. Xing, X. Pu, S. H. Yang, S. Li, W. Ji, and X. J. Li. 2015. Functional disruption of the dystrophin gene in rhesus monkey using CRISPR/Cas9. *Human Molecular Genetics* 24(13): 3764-3774. doi:10.1093/hmg/ddv120.

CIOMS (Council for International Organizations of Medical Sciences). 2016. *International ethical guidelines for health-related research involving humans*. Geneva, Switzerland. https://cioms.ch/wp-content/uploads/2017/01/WEB-CIOMS-EthicalGuidelines.pdf.

Cioppi, F., Casamonti, E., and Krausz, C. 2019. Age-dependent de novo mutations during spermatogenesis and their consequences. *Advances in Experimental Medicine and Biology* 1166: 29-46. doi:10.1007/978-3-030-21664-1_2.

Claussnitzer, M., J. H. Cho, R. Collins, N. J. Cox, E. T. Dermitzakis, M. E. Hurles, S. Kathiresan, E. E. Kenny, C. M. Lindgren, D. G. MacArthur, K. N. North, S. E. Plon, H. L. Rehm, N. Risch, C. N. Rotimi, J. Shendure, N. Soranzo, and M. I. McCarthy. 2020. A brief history of human disease genetics. *Nature* 577, 179-189. doi.org/10.1038/s41586-019-1879-7.

Cohen, I. G., E. Y. Adashi, S. Gerke, C. Palacios-González, and V. Ravitsky. 2020. The regulation of mitochondrial replacement techniques around the world. *Annual Review of Genomics and Human Genetics* 21: 1. doi:10.1146/annurev-genom-111119-101815.

Cohen, J. 2019a. Did CRISPR help—or harm—the first-ever gene-edited babies? https://www.sciencemag.org/news/2019/08/did-crispr-help-or-harm-first-ever-gene-edited-babies.

Cohen, J. 2019b. Inside the circle of trust. *Science* 365(6452): 430-437. https://science.sciencemag.org/content/365/6452/430. doi:10.1126/science.365.6452.430.

Cuchel, M., E. Bruckert, H. N. Ginsberg, F. J. Raal, R. D. Santos, R. A. Hegele, J. A. Kuivenhoven, B. G. Nordestgaard, O. S. Descamps, E. Steinhagen-Thiessen, A. Tybjærg-Hansen, G. F. Watts, M. Averna, C. Boileau, J. Borén, A. L. Catapano, J. C. Defesche, G. K. Hovingh, S. E. Humphries, P. T. Kovanen, L. Masana, P. Pajukanta, K. G. Parhofer, K. K. Ray, A. F. Stalenhoef, E. Stroes, M. R. Taskinen, A. Wiegman, O. Wiklund, M. J. Chapman, and the European Atherosclerosis Society Consensus Panel on Familial Hypercholesterolaemia. 2014. Homozygous familial hypercholesterolaemia: New insights and guidance for clinicians to improve detection and clinical management; A position paper from the Consensus Panel on Familial Hypercholesterolaemia of the European Atherosclerosis Society. *European Heart Journal* 35(32): 2146-2157. doi:10.1093/eurheartj/ehu274.

Cyranoski, D. 2019. The CRISPR-baby scandal: What's next for human gene-editing. *Nature* 566: 440.

https://www.nature.com/articles/d41586-019-00673-1. doi:10.1038/d41586-019-00673-1.

De Geyter, C., C. Calhaz-Jorge, M. S. Kupka, C. Wyns, E. Mocanu, T. Motrenko, G. Scaravelli, J. Smeenk, S. Vidakovic, V. Goossens, and the European IVF-monitoring Consortium (EIM) for the European Society of Human Reproduction and Embryology. 2020. ART in Europe, 2020: Results generated from European registries by ESHRE. Tables SV, SVI, and SVII. *Human Reproduction Open* 2020(1):hoz038. doi:10.1093/hropen/hoz038.

De Rycke, M., V. Goossens, G. Kokkali, M. Meijer-Hoogeveen, E. Coonen, and C. Moutou. 2017. ESHRE PGD Consortium data collection XIV-XV: Cycles from January 2011 to December 2012 with pregnancy follow-up to October 2013. *Human Reproduction* 32(10): 1974-1994. doi:10.1093/humrep/dex265.

De Sanctis, V., C. Kattamis, D. Canatan, A. T. Soliman, H. Elsedfy, M. Karimi, S. Daar, Y. Wali, M. Yassin, N. Soliman, P. Sobti, S. Al Jaouni, M. El Kholy, B. Fiscina, and M. Angastiniotis. 2017. β-Thalassemia distribution in the Old World: An ancient disease seen from a historical standpoint. *Mediterranean Journal of Hematology and Infectious Diseases* 9(1):e2017018. doi.org: 10.4084/MJHID.2017.018.

Delahaye, F., C. Do, Y. Kong, R. Ashkar, M. Salas, B. Tycko, R. Wapner, and F. Hughes. 2018. Genetic variants influence on the placenta regulatory landscape. *PLOS Genetics* 14(11):e1007785. doi.org/10.1371/journal.pgen.1007785.

Doetschman, T., R. G. Gregg, N. Maeda, M. L. Hooper, D. W. Melton, S. Thompson, and O. Smithies. 1987. Targeted correction of a mutant HPRT gene in mouse embryonic stem cells. *Nature* 330: 576-578. doi:10.1038/330576a0.

Doman, J.L., Raguram, A., Newby, G.A., et al. 2020. Evaluation and minimization of Cas9-independent off-target DNA editing by cytosine base editors. *Nature Biotechnology* 38: 620-628. doi:10.1038/s41587-020-0414-6.

Doudna, J. A., and E. Charpentier. 2014. Genome editing: The new frontier of genome engineering with CRISPR-Cas9. *Science* 346(6213): 1258096. doi:10.1126/science.1258096.

Doyon, Y., T. D. Vo, M. C. Mendel, S. G. Greenberg, J. Wang, D. F. Xia, J. C. Miller, F. D. Urnov, P. D. Gregory, and M. C. Holmes. 2011. Enhancing zinc-finger-nuclease activity with improved obligate heterodimeric architectures. *Nature Methods* 8: 74-79. doi:10.1038/nmeth.1539.

Eckersley-Maslin, M. A., C. Alda-Catalinas, and W. Reik. 2018. Dynamics of the epigenetic landscape during the maternal-to-zygotic transition. *Nature Reviews Molecular Cell Biology* 19: 436-450. doi.org/10.1038/s41580-018-0008-z.

EGE (European Group on Ethics in Science and New Technologies). 2016. Statement on gene editing. Brussels, Belgium. https://ec.europa.eu/research/ege/pdf/gene_editing_ege_statement.pdf.

Eggermann, T., Perez de Nanclares, G., Maher, E. R., Temple, I. K., Tümer, Z., Monk, D., Mackay, D. J., Grønskov, K., Riccio, A., Linglart, A., and Netchine, I. 2015. Imprinting disorders: a group of congenital disorders with overlapping patterns of molecular changes affecting imprinted loci. *Clinical Epigenetics* 7: 123. doi:10.1186/s13148-015-0143-8.

Egli, D., M. V. Zuccaro, M. Kosicki, G. M. Church, A. Bradley, and M. Jasin. 2018. Inter-homologue repair in fertilized human eggs? *Nature* 560:E5-E7. doi:10.1038/s41586-018-0379-5.

European Working Group on Cystic Fibrosis Genetics. 1990. Gradient of Distribution in Europe of the Major CF Mutation and of Its Associated Haplotype. *Human Genetics* 85: 436-445.

Evans, J. H. 2002. *Playing God? Human genetic engineering and the rationalization of public bioethical debate*. Chicago, IL: University of Chicago Press.

Evans, S. J., Douglas, I., Rawlins, M. D., Wexler, N. S., Tabrizi, S. J., and Smeeth, L. 2013. Prevalence of adult Huntington's disease in the UK based on diagnoses recorded in general practice records. *Journal of Neurology, Neurosurgery, and Psychiatry* 84(10): 1156-1160. doi:10.1136/jnnp-2012-304636.

Farrell, P. M. 2008. The prevalence of cystic fibrosis in the European Union. *Journal of Cystic Fibrosis* 7: 450-453.

FEAM (Federation of European Academies of Medicine). 2017. *Human genome editing in the EU. Report of a workshop held on April 28, 2016 at the French Academy of Medicine*. Brussels, Belgium. https://www.interacademies.org/publication/feam-human-genome-editing-eu.

Fletcher, J. 1971. Ethical aspects of genetic controls: Designed genetic changes in man. *New England Journal of Medicine* 285(14): 776-783. doi:10.1056/NEJM197109302851405.

Flyamer, I. M., J. Gassler, M. Imakaev, H. B. Brandão, S. V. Ulianov, N. Abdennur, S. V. Razin, L. A. Mirny, and K. Tachibana-Konwalski. 2017. Single-nucleus Hi-C reveals unique chromatin reorganization at oocyte-to-zygote transition. *Nature* 544(7648): 110-114. doi:10.1038/nature21711.

Fogarty, N. M. E., A. McCarthy, K. E. Snijders, B. E. Powell, N. Kubikova, P. Blakeley, R. Lea, K. Elder, S. E. Wamaitha, D. Kim, V. Maciulyte, J. Kleinjung, J. S. Kim, D. Wells, L. Vallier, A. Bertero, J. Turner, and K. K. Niakan. 2017. Genome editing reveals a role for OCT4 in human embryogenesis. *Nature* 550(7674): 67-73. doi:10.1038/nature24033.

Frankel, M. S., and A. R. Chapman. 2000. *Human inheritable genetic modifications: Assessing scientific, ethical, religious and policy issues*. Washington, DC: American Association for the Advancement of Science.

Gao, L., K. Wu, Z. Liu, X. Yao, S. Yuan, W. Tao, L. Yi, G. Yu, Z. Hou, D. Fan, Y. Tian, J. Liu, Z. J. Chen, and J. Liu. 2018. Chromatin accessibility landscape in human early embryos and its association with evolution. *Cell* 173(1): 248-259.e15. doi:10.1016/j.cell.2018.02.028.

Gaudelli, N.M., Lam, D.K., Rees, H.A., et al. 2020. Directed evolution of adenine base editors with increased activity and therapeutic application. *Nature Biotechnology* 38: 892-900. doi:10.1038/s41587-020-0491-6.

German Ethics Council. 2019. *Intervening in the human genome*. Berlin, Germany.

Golombok, S. 2017. Parenting in new family forms. Special issue edited by M. van IJzendoorn and M. Bakermans-Kranenburg. *Current Opinion in Psychology* 15: 76-80. doi:10.1016/j.copsyc.2017.02.004.

Golombok, S. 2019. Parenting and contemporary reproductive technologies. In *Handbook of Parenting: Volume 3; Being and becoming a parent*, 3rd edition, edited by M. Bornstein. New York: Routledge.

Gorman, G. S., R. McFarland, J. Stewart, C. Feeney, and D. M. Turnbull. 2018. Mitochondrial donation: From test tube to clinic. *The Lancet* 392: 1191-1192. doi:10.1016/S0140-6736(18)31868-3.

Graham, A., M. Powell, N. Taylor, D. Anderson, and R. Fitzgerald. 2013. *Ethical research involving children*. Florence, Italy: United Nations Children's Fund (UNICEF) Office of Research-Innocenti.

Greely, H. T. 2018. *The end of sex and the future of human reproduction*. Boston, MA: Harvard University Press.

Greenfield A., P. Braude, F. Flinter, R. Lovell-Badge, C. Ogilvie, and Perry ACF. 2017. Assisted reproductive technologies to prevent human mitochondrial disease transmission. *Nature Biotechnology* 35: 1059-1068.

Gregoire, J., J. Georgas, D. H. Saklofske, F. Van de Vijver, C. Wierzbicki, L. G. Weiss, and J. Zhu. 2008. Cultural issues in the clinical use of the WISC-IV. In *WISC-IV clinical assessment and intervention*, edited by A. Prifitera, D. H. Saklofske, and L. G. Weiss. Amsterdam, Netherlands: Elsevier Academic Press. Pp. 517-544.

Griesinger, G., Bündgen, N., Salmen, D., Schwinger, E., Gillessen-Kaesbach, G., and Diedrich, K. 2009. Polar body biopsy in the diagnosis of monogenic diseases: the birth of three healthy children. *Deutsches Arzteblatt international* 106(33): 533-538. doi:10.3238/arztebl.2009.0533.

Grünewald, J., Zhou, R., Garcia, S.P., et al. 2019. Transcriptome-wide off-target RNA editing induced by CRISPR-guided DNA base editors. *Nature* 569: 433-437. doi:10.1038/s41586-019-1161-z.

Gu, B., E. Posfai, and J. Rossant. 2018. Efficient generation of targeted large insertions by microinjection into two-cell-stage mouse embryos. *Nature Biotechnology* 36: 632-637. doi:10.1038/nbt.4166.

Gu, B., E. Posfai, M. Gertsenstein, and J. Rossant. 2020. Efficient generation of large-fragment knock-in mouse models using 2-cell (2C)-homologous recombination (HR)-CRISPR. *Current Protocols* 10(1):e67. doi.org/10.1002/cpmo.67.

GUaRDIAN Consortium, S. Sivasubbu, and V. Scaria. 2019. Genomics of rare genetic diseases: Experiences from India. *Human Genomics* 14(1): 52. doi.org: 10.1186/s40246-019-0215-5.

Guilinger, J. P., V. Pattanayak, D. Reyon, S. Q. Tsai, J. D. Sander, J. K. Joung, and D. R. Liu. 2014. Broad specificity profiling of TALENs results in engineered nucleases with improved DNA-cleavage specificity. *Nature Methods* 11(4): 429-435. doi:10.1038/nmeth.2845.

Guo, H., P. Zhu, L. Yan, R. Li, B. Hu, Y. Lian, J. Yan, X. Ren, S. Lin, J. Li, X. Jin, X. Shi, P. Liu, X. Wang, W. Wang, Y. Wei, X. Li, F. Guo, X. Wu, X. Fan, J. Yong, L. Wen, S. X. Xie, F. Tang, and J. Qiao. 2014. The DNA methylation landscape of human early embryos. *Nature* 511: 606-610. doi.org: 10.1038/nature13544.

Handyside, A. H., E. H. Kontogianni, K. Hardy, and R. M. Winston. 1990. Pregnancies from biopsied human preimplantation embryos sexed by Y-specific DNA amplification. *Nature* 344(6268): 768-770. doi:10.1038/344768a0.

Harbuz, R., R. Zouari, V. Pierre, M. Ben Khelifa, M. Kharouf, C. Coutton, G. Merdassi, F. Abada, J. Escoffier, Y. Nikas, F. Vialard, I. Koscinski, C. Triki, N. Sermondade, T. Schweitzer, A. Zhioua, F. Zhioua, H. Latrous, L. Halouani, M. Ouafi, M. Makni, P. S. Jouk, B. Sèle, S. Hennebicq, V. Satre,

S. Viville, C. Arnoult, J. Lunardi, and P. F. Ray. 2011. A recurrent deletion of DPY19L2 causes infertility in man by blocking sperm head elongation and acrosome formation. *American Journal of Human Genetics* 88(3): 351-361. doi.org: 10.1016/j.ajhg.2011.02.007.

Hardy, K., A. H. Handyside, and R. M. Winston. 1989. The human blastocyst: Cell number, death, and allocation during late preimplantation development in vitro. *Development* 107(3): 597-604.

Harper, J. C., K. Aittomaki, P. Borry, M. C. Cornel, G. de Wert, W. Dondorp, J. Geraedts, L. Gianaroli, K. Ketterson, I. Liebaers, K. Lundin, H. Mertes, M. Morris, G. Pennings, K. Sermon, C. Spits, S. Soini, A. P. A. van Montfoort, A. Veiga, J. R. Vermeesch, S. Viville, and M. Macek Jr., on behalf of the European Society of Human Reproduction and Embryology, and European Society of Human Genetics. 2018. Recent developments in genetics and medically assisted reproduction: From research to clinical applications. *European Journal of Human Genetics* 26(1): 12-33. doi:10.1038/s41431-017-0016-z.

Hayashi, K., H. Ohta, K. Kurimoto, S. Aramaki, and M. Saitou. 2011. Reconstitution of the mouse germ cell specification pathway in culture by pluripotent stem cells. *Cell* 146(4): 519-532. doi:10.1016/j.cell.2011.06.052.

Hayashi, K., S. Ogushi, K. Kurimoto, S. Shimamoto, H. Ohta, and M. Saitou. 2012. Offspring from oocytes derived from in vitro primordial germ cell-like cells in mice. *Science* 338(6109): 971-975. doi:10.1126/science.1226889.

Heijligers, M., A. van Montfoort, M. Meijer-Hoogeveen, F. Broekmans, K. Bouman, I. Homminga, J. Dreesen, A. Paulussen, J. Engelen, E. Coonen, V. van der Schoot, M. van Deursen-Luijten, N. Muntjewerff, A. Peeters, R. van Golde, M. van der Hoeven, Y. Arens, and C. de Die-Smulders. 2018. Perinatal follow-up of children born after preimplantation genetic diagnosis between 1995 and 2014. *Journal of Assisted Reproduction and Genetics* 35(11): 1995-2002. doi:10.1007/s10815-018-1286-2.

Hendriks, S., K. Peeraer, H. Bos, S. Repping and E. A. F. Dancet. 2017. The importance of genetic parenthood for infertile men and women. *Human Reproduction* 32(10): 2076-2087. doi:10.1093/humrep/dex256.

Henry, M. P., Hawkins, J. R., Boyle, J., and Bridger, J. M. 2019. The genomic health of human pluripotent stem cells: genomic instability and the consequences on nuclear organization. *Frontiers in Genetics* 9: 623. doi:10.3389/fgene.2018.00623.

Hermann, B. P., Cheng, K., Singh, A., Roa-De La Cruz, L., Mutoji, K. N., Chen, I. C., Gildersleeve, H., Lehle, J. D., Mayo, M., Westernströer, B., Law, N. C., Oatley, M. J., Velte, E. K., Niedenberger, B. A., Fritze, D., Silber, S., Geyer, C. B., Oatley, J. M., & McCarrey, J. R. 2018. The Mammalian Spermatogenesis Single-Cell Transcriptome, from Spermatogonial Stem Cells to Spermatids. *Cell Reports* 25(6): 1650-1667.e8. doi.org: 10.1016/j.celrep.2018.10.026.

Heyer, W. D., K. T. Ehmsen, and J. Liu. 2010. Regulation of homologous recombination in eukaryotes. *Annual Review of Genetics* 44: 113-139. doi:10.1146/annurev-genet-051710-150955.

HFEA (Human Fertilisation and Embryology Authority). 2011. *Scientific review of the safety and efficacy of methods to avoid mitochondrial disease through assisted conception*. London, U.K. http://www.hfea.gov.uk/docs/2011-04-18_Mitochondria_review_-_final_report.PDF.

HFEA (Human Fertilisation and Embryology Authority). 2013. *Mitochondria replacement consultation: Advice to government*. London, U.K. https://www.hfea.gov.uk/media/2618/mitochondria_replacement_consultation_-_advice_for_government.pdf.

HFEA (Human Fertilisation and Embryology Authority). 2014. *Third scientific review of the safety and efficacy of methods to avoid mitochondrial disease through assisted conception: 2014 update*. London, U.K. https://www.hfea.gov.uk/media/2614/third_mitochondrial_replacement_scientific_review.pdf.

HFEA (Human Fertilisation and Embryology Authority). 2016. *Scientific review of the safety and efficacy of methods to avoid mitochondrial disease through assisted conception: 2016 update*. London, U.K. https://www.hfea.gov.uk/media/2611/fourth_scientific_review_mitochondria_2016.pdf.

HFEA (Human Fertilisation and Embryology Authority). 2018. *Fertility treatment 2014-2016: Trends and figures*. London, U.K. https://www.hfea.gov.uk/media/2563/hfea-fertility-trends-and-figures-2017-v2.pdf.

Hikabe, O., N. Hamazaki, G. Nagamatsu, Y. Obata, Y. Hirao, N. Hamada, S. Shimamoto, T. Imamura, K. Nakashima, M. Saitou, and K. Hayashi. 2016. Reconstitution in vitro of the entire cycle of the mouse female germ line. *Nature* 539: 299-303. doi:10.1038/nature20104.

Hinxton Group. 2015. *Statement on genome editing technologies and human germline genetic modification*. Baltimore, MD: The Hinxton Group. http://www.hinxtongroup.org/hinxton2015_statement.pdf.

Homfray, T., and P. A. Farndon. 2015. Chapter 7. Fetal anomalies: The geneticist's approach. In *Twining's textbook of fetal abnormalities*, third edition, edited by A. M. Coady and S. Bower. Pp. 139-160.

Hoy, S. 2019. Onasemnogene abeparvovec: First global approval. *Drugs* 79: 1255-1262. doi:10.1007/s40265-019-01162-5.

Hsu, P. D., Lander, E. S., and Zhang, F. 2014. Development and applications of CRISPR-Cas9 for genome engineering. *Cell* 157(6): 1262-1278. doi:10.1016/j.cell.2014.05.010.

Huang, T. P., Zhao, K. T., Miller, S. M., Gaudelli, N. M., Oakes, B. L., Fellmann, C., Savage, D. F., and Liu, D. R. 2019. Circularly permuted and PAM-modified Cas9 variants broaden the targeting scope of base editors. *Nature Biotechnology* 37(6): 626-631. doi:10.1038/s41587-019-0134-y.

Hurlbut, J. B., Jasanoff, S., Saha, K., Ahmed, A., Appiah, A., Bartholet, E., Baylis, F., Bennett, G., Church, G., Cohen, I. G., Daley, G., Finneran, K., Hurlbut, W., Jaenisch, R., Lwoff, L., Kimes, J. P., Mills, P., Moses, J., Park, B. S., Parens, E., Salzman, R., Saxena, A., Simmet, H., Simoncelli, T., Snead, O.C., Sunder Rajan, K., Truog, R., Williams, P., and Woopen, C. 2018. Building Capacity for a Global Genome Editing Observatory: Conceptual Challenges. *Trends in Biotechnology* 36(7): 639-641. doi:10.1016/j.tibtech.2018.04.009.

Hustedt, N., and D. Durocher. 2017. The control of DNA repair by the cell cycle. *Nature Cell Biology* 19: 1-9. doi:10.1038/ncb3452.

Hyslop, L. A., P. Blakeley, L. Craven, J. Richardson, N. M. Fogarty, E. Fragouli, M. Lamb, S. E.

Wamaitha, N. Prathalingam, Q. Zhang, H. O'Keefe, Y. Takeda, L. Arizzi, S. Alfarawati, H. A. Tuppen, L. Irving, D. Kalleas, M. Choudhary, D. Wells, A. P. Murdoch, D. M. Turnbull, K. K. Niakan, and M. Herbert. 2016. Towards clinical application of pronuclear transfer to prevent mitochondrial DNA disease. *Nature* 534(7607): 383-386. doi:10.1038/nature18303.

IFFS (International Federation of Fertility Societies). 2019. Global trends in reproductive policy and practice, 8th edition. *Global Reproductive Health* 4(1):e29 doi:10.1097/GRH.0000000000000029.

IHGSC (International Human Genome Sequencing Consortium). 2001. Initial sequencing and analysis of the human genome. *Nature* 409: 860-921. doi:10.1038/35057062.

IHGSC (International Human Genome Sequencing Consortium). 2004. Finishing the euchromatic sequence of the human genome. *Nature* 431: 931-945 doi:10.1038/nature03001.

Isasi, R., E. Kleiderman, and B. M. Knoppers. 2016. Editing policy to fit the genome? *Science* 351(6271): 337-339. doi:10.1126/science.aad6778.

Ishikura, Y., Yabuta, Y., Ohta, H., Hayashi, K., Nakamura, T., Okamoto, I., Yamamoto, T., Kurimoto, K., Shirane, K., Sasaki, H., and Saitou, M. 2016. In vitro derivation and propagation of spermatogonial stem cell activity from mouse pluripotent stem cells. *Cell Reports* 17(10): 2789-2804. doi:10.1016/j.celrep.2016.11.026.

ISSCR (International Society for Stem Cell Research). 2015. *The ISSCR statement on human germline genome modification*. Skokie, IL. https://www.isscr.org/docs/default-source/policydocuments/isscr-statement-on-human-germline-genome-modification.pdf?sfvrsn=a34fb5bf_0.

ISSCR (International Society for Stem Cell Research). 2016. *Guidelines for stem cell research and clinical translation*. Skokie, IL. https://www.isscr.org/docs/default-source/all-isscrguidelines/guidelines-2016/isscr-guidelines-for-stem-cell-research-and-clinicaltranslationd67119731dff6ddbb37cff0000940c19.pdf.

Jiang, W., Feng, S., Huang, S., Yu, W., Li, G., Yang, G., Liu, Y., Zhang, Y., Zhang, L., Hou, Y., Chen, J., Chen, J., and Huang, X. 2018. BE-PLUS: a new base editing tool with broadened editing window and enhanced fidelity. *Cell Research* 28(8): 855-861. doi:10.1038/s41422-018-0052-4.

Joung, J. K., and J. D. Sander. 2013. TALENs: A widely applicable technology for targeted genome editing. *Nature Reviews Molecular Cell Biology* 14(1): 49-55. doi:10.1038/nrm3486.

Kaiser, J. 2019. Update: House spending panel restores U.S. ban on gene-edited babies. *Science (news)*, June 4. doi:10.1126/science.aay1607.

Kang, J. G., Park, J. S., Ko, J. H., and Kim, Y. S. 2019. Regulation of gene expression by altered promoter methylation using a CRISPR/Cas9-mediated epigenetic editing system. *Scientific Reports* 9(1): 11960. doi:10.1038/s41598-019-48130-3.

Karavani, E., O. Zuk, D. Zeevi, N. Barzilai, N. Stefanis, A. Hatzimanolis, N. Smyrnis, D. Avramopoulos, L. Kruglyak, G. Atzmon, M. Lam, T. Lencz, and S. Carmi. 2019. Screening human embryos for polygenic traits has limited utility. *Cell* 179(6): 1424-1435. doi:10.1016/j.cell.2019.10.033.

Karvelis, T., Gasiunas, G., and Siksnys, V. 2017. Harnessing the natural diversity and in vitro evolution of Cas9 to expand the genome editing toolbox. *Current Opinion in Microbiology* 37: 88-94.

doi:10.1016/j.mib.2017.05.009.

Kasak, L., M. Punab, L. Nagirnaja, M. Grigorova, A. Minajeva, A. M. Lopes, A. M. Punab, K. I. Aston, F. Carvalho, E. Laasik, L. B. Smith, GEMINI Consortium, D. F. Conrad, and M. Laan. 2018. Biallelic recessive loss-of-function variants in FANCM cause non-obstructive azoospermia. *American Journal of Human Genetics* 103(2): 200-212. doi.org/10.1016/j.ajhg.2018.07.005.

Kim, D., Bae, S., Park, J., Kim, E., Kim, S., Yu, H. R., Hwang, J., Kim, J. I., and Kim, J. S. 2015. Digenome-seq: genome-wide profiling of CRISPR-Cas9 off-target effects in human cells. *Nature Methods* 12(3): 237-243. doi.org: 10.1038/nmeth.3284.

Kim, D., K. Luk, S. A. Wolfe, and J. S. Kim. 2019. Evaluating and enhancing target specificity of geneediting nucleases and deaminases. *Annual Review of Biochemistry* 88: 191-220. doi:10.1146/annurev-biochem-013118-111730.

Kim, Y. B., Komor, A. C., Levy, J. M., Packer, M. S., Zhao, K. T., and Liu, D. R. 2017. Increasing the genome-targeting scope and precision of base editing with engineered Cas9-cytidine deaminase fusions. *Nature Biotechnology* 35(4): 371-376. doi:10.1038/nbt.3803.

Kleiderman, E., V. Ravitsky, and B. M. Knoppers. 2019. The "serious" factor in germline modification. *Journal of Medical Ethics* 45(8): 508-513.

Kleinstiver, B. P., V. Pattanayak, M. S. Prew, S. Q. Tsai, N. T. Nguyen, Z. Zheng, and J. K. Joung. 2016. High-fidelity CRISPR-Cas9 nucleases with no detectable genome-wide off-target effects. *Nature* 529(7587): 490-495. doi:10.1038/nature16526.

KNAW (Royal Netherlands Academy of Arts and Sciences). 2016. Genome editing: Position paper of the Royal Netherlands Academy of Arts and Sciences. Amsterdam, Netherlands. https://www.knaw.nl/en/news/publications/genome-editing.

Komor, A. C., Y. B. Kim, M. S. Packer, J. A. Zuris, and D. R. Liu. 2016. Programmable editing of a target base in genomic DNA without double-stranded DNA cleavage. *Nature* 533(7603): 420-424. doi:10.1038/nature17946.

Kosicki, M., K. Tomberg, and A. Bradley. 2018. Repair of double-strand breaks induced by CRISPR-Cas9 leads to large deletions and complex rearrangements. *Nature Biotechnology* 36: 765-771. doi:10.1038/nbt.4192.

Krausz, C. and A. Riera-Escamilla. 2018. Genetics of male infertility. *Nature Reviews Urology* 15: 369-384. doi:10.1038/s41585-018-0003-3.

Kubota, H., and Brinster, R. L. 2018. Spermatogonial stem cells. *Biology of Reproduction* 99(1): 52-74. doi.org: 10.1093/biolre/ioy077.

Kuchenbaecker, K. B., J. L. Hopper, D. R. Barnes, K. Phillips, T. M. Mooij, M. Roos-Blom, S. Jervis, F. E. van Leeuwen, R. L. Milne, N. Andrieu, D. E. Goldgar, M. B. Terry, M. A. Rookus, D. F. Easton, A. C. Antoniou, and the *BRCA1* and *BRCA2* Cohort Consortium. 2017. Risks of breast, ovarian, and contralateral breast cancer for *BRCA1* and *BRCA2* mutation carriers. *Journal of the American Medical Association* 317(23): 2402-2416. doi:10.1001/jama.2017.7112.

Kuiper, D., A. Bennema, S. la Bastide-van Gemert, J. Seggers, P. Schendelaar, S. Mastenbroek, A. Hoek, M. J. Heineman, T. J. Roseboom, J. H. Kok, and M. Hadders-Algra. 2018. Developmental outcome of nine-year-old children born after PGS: Follow-up of a randomized trial. *Human Reproduction* 33(1): 147-155. doi:10.1093/humrep/dex337.

Kurt, I. C., Zhou, R., Iyer, S., Garcia, S. P., Miller, B. R., Langner, L. M., Grünewald, J., and Joung, J. K. 2020. CRISPR C-to-G base editors for inducing targeted DNA transversions in human cells. *Nature Biotechnology*. doi:10.1038/s41587-020-0609-x.

Lander, E. S., F. Baylis, F. Zhang, E. Charpentier, P. Berg, C. Bourgain, B. Friedrich, J. K. Joung, J. Li, D. Liu, L. Naldini, J. B. Nie, R. Qiu, B. Schoene-Seifert, F. Shao, S. Terry, W. Wei, and E. L. Winnacker. 2019. Adopt a moratorium on heritable genome editing. *Nature* 567(7747): 165-168. doi:10.1038/d41586-019-00726-5.

Lanphier, E., F. Urnov, S. E. Haecker, M. Werner, and J. Smolenski. 2015. Don't edit the human germ line. *Nature* 519(7544): 410-411. doi:10.1038/519410a.

Lea, R., and K. Niakan. 2019. Human germline genome editing. *Nature Cell Biology* 21(12): 1479-1489. doi:10.1038/s41556-019-0424-0.

Leaver, M., and D. Wells. 2020. Non-invasive preimplantation genetic testing (niPGT): The next revolution in reproductive genetics? *Human Reproduction Update* 26(1): 16-42. doi:10.1093/humupd/dmz033.

Lee, H. K., H. E. Smith, C. Liu, M. Willi, and L. Hennighausen. 2020. Cytosine base editor 4 but not adenine base editor generates off-target mutations in mouse embryos. *Communications Biology* 3: 19. doi:10.1038/s42003-019-0745-3.

Leopoldina (Leopoldina, Acatech, DFG, and Academien Union). 2015. *The opportunities and limits of genome editing*. https://www.leopoldina.org/en/publications/detailview/publication/chancen-und-grenzen-des-genome-editing-2015/.

Li, F., Z. An, and Z. Zhang. 2019. The dynamic 3D genome in gametogenesis and early embryonic development. *Cells* 8(8): 788. doi:10.3390/cells8080788.

Li, G., Liu, Y., Zeng, Y., Li, J., Wang, L., Yang, G., Chen, D., Shang, X., Chen, J., Huang, X., and Liu, J. 2017. Highly efficient and precise base editing in discarded human tripronuclear embryos. *Protein & Cell* 8(10): 776-779. doi.org: 10.1007/s13238-017-0458-7.

Li, H., Y. Yang, W. Hong, M. Huang, M. Wu, and X. Zhao. 2020. Applications of genome editing technology in the targeted therapy of human diseases: Mechanisms, advances and prospects. *Signal Transduction and Targeted Therapy* 5: 1. doi:10.1038/s41392-019-0089-y.

Li, L., F. Guo, Y. Gao, Y. Ren, P. Yuan, L. Yan, R. Li, Y. Lian, J. Li, B. Hu, J. Gao, L. Wen, F. Tang, and J. Qiao. 2018. Single-cell multi-omics sequencing of human early embryos. *Nature Cell Biology* 20: 847-858. doi.org: 10.1038/s41556-018-0123-2.

Liang, D., Gutierrez, N. M., Chen, Tailai, C., Lee, Y., Park, S., Ma, H., Koski, A., Ahmed, R., Darby, H., Li, Y., Van Dyken, C., Mikhalchenko, A., Gonmanee, T., Hayama, T., Zhao, H., Wu, K., Zhang, J., Hou, Z., Park, J., Kim, C., Gong, J., Yuan, Y., Gu, Y., Shen, Y., Olson, S. B., Yang, H., Battaglia, D., O'Leary, T., Krieg, S. A., Lee, D. M., Wu, D. H., Duell, P. B., Kual, S., Kim, J., Heitner, S. B., Kang, E., Chen, Z., Amato, P., and Mitalipov, S. 2020 Frequent gene conversion in human embryos induced by double strand breaks. *bioRxiv* 2020.06.19.162214. doi:10.1101/2020.06.19.162214.

Liang, P., Y. Xu, X. Zhang, C. Ding, R. Huang, Z. Zhang, J. Lv, X. Xie, Y. Chen, Y. Li, Y. Sun, Y. Bai, Z. Songyang, W. Ma, C. Zhou, and J. Huang. 2015. CRISPR/Cas9-mediated gene editing in human tripronuclear zygotes. *Protein and Cell* 6(5): 363-372. doi:10.1007/s13238-015-0153-5.

Liu, L., L. Leng, C. Liu, C. Lu, Y. Yuan, L. Wu, F. Gong, S. Zhang, X. Wei, M. Wang, L. Zhao, L. Hu, J. Wang, H. Yang, S. Zhu, F. Chen, G. Lu, Z. Shang, and G. Lin. 2019. An integrated chromatin accessibility and transcriptome landscape of human pre-implantation embryos. *Nature Communications* 10: 364. doi.org: 10.1038/s41467-018-08244-0.

Liu, M., S. Rehman, X. Tang, K. Gu, Q. Fan, D. Chen, and W. Ma. 2019. Methodologies for improving HDR efficiency. *Frontiers in Genetics* 9: 691. doi:10.3389/fgene.2018.00691.

Liu, Y., Li, X., He, S., et al. 2020. Efficient generation of mouse models with the prime editing system. *Cell Discovery* 6: 27. doi.org/10.1038/s41421-020-0165-z.

Lochmüller, H., J. Torrent i Farnell, Y. Le Cam, A. H. Jonker, L. P. L. Lau, G. Baynam, P. Kaufmann, H. J. S. Dawkins, P. Lasko, C. P. Austin, and K. M. Boycott, on behalf of the IRDiRC Consortium Assembly. 2017. The International Rare Diseases Research Consortium: Policies and guidelines to maximize impact. *European Journal of Human Genetics* 25: 1293-1302. doi.org/10.1038/s41431-017-0008-z.

Ma F., Yang Y., Li X., Zhou F., Gao C., Li M., and Gao L. 2013. The association of sport performance with ACE and ACTN3 genetic polymorphisms: a systematic review and meta-analysis. *PLoS One* 8(1):e54685. doi:10.1371/journal.pone.0054685.

Ma, H., Marti-Gutierrez, N., Park, S. W., Wu, J., Hayama, T., Darby, H., Van Dyken, C., Li, Y., Koski, A., Liang, D., Suzuki, K., Gu, Y., Gong, J., Xu, X., Ahmed, R., Lee, Y., Kang, E., Ji, D., Park, A. R., Kim, D., Kim S.-T., Heitner S. B., Battaglia D., Krieg S. A., Lee D. M., Wu D. H., Wolf D. P., Amato P., Kaul S., Izpisua Belmonte J. C., Kim J.-S., and Mitalipov S. 2018. Ma et al. reply. *Nature* 560, E10-E23. doi.org/10.1038/s41586-018-0381-y.

Ma, H., N. Marti-Gutierrez, S. W. Park, J. Wu, Y. Lee, K. Suzuki, A. Koski, D. Ji, T. Hayama, R. Ahmed, H. Darby, C. Van Dyken, Y. Li, E. Kang, A. R. Park, D. Kim, S. T. Kim, J. Gong, Y. Gu, X. Xu, D. Battaglia, S. A. Krieg, D. M. Lee, D. H. Wu, D. P. Wolf, S. B. Heitner, J. C. I. Belmonte, P. Amato, J. S. Kim, S. Kaul, and S. Mitalipov. 2017. Correction of a pathogenic gene mutation in human embryos. *Nature* 548(7668): 413-419. doi:10.1038/nature23305.

Maor-Sagie, E., Y. Cinnamon, B. Yaacov, A. Shaag, H. Goldsmidt, S. Zenvirt, N. Laufer, C. Richler, and A. Frumkin. 2015. Deleterious mutation in SYCE1 is associated with non-obstructive azoospermia. *Journal of Assisted Reproduction and Genetics* 32(6): 887-891.doi.org/10.1007/s10815-015-0445-y.

McCann, J. L., Salamango, D. J., Law, E. K., Brown, W. L., and Harris, R. S. 2020. MagnEdit-interacting factors that recruit DNA-editing enzymes to single base targets. *Life Science Alliance* 3(4):e201900606. doi:10.26508/lsa.201900606.

Mianné, J., G. F. Codner, A. Caulder, R. Fell, M. Hutchison, R. King, M. E. Stewart, S. Wells, and L. Teboul. 2017. Analysing the outcome of CRISPR-aided genome editing in embryos: Screening, genotyping and quality control. *Methods* 15: 121-122: 68-76. doi:10.1016/j.ymeth.2017.03.016.

Migeon, B.R. 2020. X-linked diseases: susceptible females. *Genetics in Medicine* 22: 1156-1174.

doi:10.1038/s41436-020-0779-4.

Ministry of Health, 2012

Moris, N., Anlas, K., van den Brink, S.C., et al. 2020. An in vitro model of early anteroposterior organization during human development. *Nature* 582: 410-415. doi:10.1038/s41586-020-2383-9.

Morohaku, K., R. Tanimoto, K. Sasaki, R. Kawahara-Miki, T. Kono, K. Hayashi, Y. Hirao, and Y. Obata. 2016. Complete in vitro generation of fertile oocytes from mouse primordial germ cells. *PNAS* 113(32): 9021-9026. https://doi.org/10.1073/pnas.1603817113.

Nagamatsu, G., and K. Hiyashi. 2017. Stem cells, in vitro gametogenesis, and male fertility. *Reproduction* 154(6):F79-F91. doi:10.1530/REP-17-0510.

NASEM (National Academies of Sciences, Engineering, and Medicine). 2015. *International summit on human gene editing: A global discussion*. Washington, DC: The National Academies Press.

NASEM (National Academies of Sciences, Engineering, and Medicine). 2016. *Mitochondrial replacement techniques: Ethical, social, and policy considerations.* Washington, DC: The National Academies Press.

NASEM (National Academies of Sciences, Engineering, and Medicine). 2017. *Human genome editing: Science, ethics, and governance.* Washington, DC: The National Academies Press.

NASEM (National Academies of Sciences, Engineering, and Medicine). 2019a. *Framework for addressing ethical dimensions of emerging and innovative biomedical technologies: A synthesis of relevant National Academies reports*. Washington, DC: The National Academies Press. doi:10.17226/25491.

NASEM (National Academies of Sciences, Engineering, and Medicine). 2019b. *Second international summit on human genome editing: Continuing the global discussion; Proceedings of a workshop-in brief.* Washington, DC: The National Academies Press.

Niakan, K. 2019. Mechanisms of lineage specification in human embryos. Presentation to the International Commission on the Clinical Use of Human Germline Genome Editing, November 14, 2019. https://www.nationalacademies.org/event/11-14-2019/international-commission-on-theclinical-use-of-human-germline-genome-editing-commission-meeting-2; accessed July 7, 2020.

Niakan, K. K., and K. Eggan. 2013. Analysis of human embryos from zygote to blastocyst reveals distinct gene expression patterns relative to the mouse. *Developmental Biology* 375(1): 54-64. doi:10.1016/j.ydbio.2012.12.008.

Niu, Y., B. Shen, Y. Cui, Y. Chen, J. Wang, L. Wang, Y. Kang, X. Zhao, W. Si, W. Li, A. P. Xiang, J. Zhou, X. Guo, Y. Bi, C. Si, B. Hu, G. Dong, H. Wang, Z. Zhou, T. Li, T. Tan, X. Pu, F.Wang, S. Ji, Q. Zhou, X. Huang, W. Ji, and J. Sha. 2014. Generation of gene-modified cynomolgus monkey via Cas9/RNA-mediated gene targeting in one-cell embryos. *Cell* 156(4): 836-843. doi:10.1016/j.cell.2014.01.027.

Normile, D. 2019. Chinese scientist who produced genetically altered babies sentenced to three years in jail. *Science (news)*, December 30. doi:10.1126/science.aba7347.

Nsota Mbango, J. F., C. Coutton, C. Arnoult, P. F. Ray, and A. Touré. 2019. Genetic causes of male infertility: Snapshot on morphological abnormalities of the sperm flagellum. *Basic and Clinical*

*Andrology* 29: 2. doi:10.1186/s12610-019-0083-9.

Nuffield Council on Bioethics. 2012. *Novel techniques for the prevention of mitochondrial DNA disorders: An ethical review*. London, U.K. https://www.nuffieldbioethics.org/assets/pdfs/Novel_techniques_for_the_prevention_of_mitochondrial_DNA_disorders.pdf.

Nuffield Council on Bioethics. 2016. *Genome editing: An ethical review*. London, U.K.

Nuffield Council on Bioethics. 2018. *Genome editing and human reproduction: Social and ethical issues*. London, U.K.

Okutman, O., J. Muller, Y. Baert, M. Serdarogullari, M. Gultomruk, A. Piton, C. Rombaut, M. Benkhalifa, M. Teletin, V. Skory, E. Bakircioglu, E. Goossens, M. Bahceci, and S. Viville. 2015. Exome sequencing reveals a nonsense mutation in *TEX15* causing spermatogenic failure in a Turkish family. *Human Molecular Genetics* 24(19): 5581-5588. doi.org: 10.1093/hmg/ddv290.

Oprea, T. I., L. Jan, G. L. Johnson, B. L. Roth, A. Ma'ayan, S. Schürer, B. K. Shoichet, L. A. Sklar, and M. T. McManus. 2018. Far away from the lamppost. *PLoS Biology* 16(12):e3000067. doi:10.1371/journal.pbio.3000067.

Padden, C., and J. Humphries. 2020. Who goes first? Deaf people and CRISPR germline editing. *Perspectives in Biology and Medicine* 63(1): 54-65. https://muse.jhu.edu/article/748050. doi:10.1353/pbm.2020.0004.

Paix, A., Folkmann, A., Goldman, D. H., Kulaga, H., Grzelak, M. J., Rasoloson, D., Paidemarry, S., Green, R., Reed, R. R., and Seydoux, G. 2017. Precision genome editing using synthesis-dependent repair of Cas9-induced DNA breaks. *Proceedings of the National Academy of Sciences of the United States of America* 114(50): E10745—E10754. doi:10.1073/pnas.1711979114.

Paradiñas, A. F., P. Holmans, A. J. Pocklington, V. Escott-Price, S. Ripke, N. Carrera, S. E. Legge, S. Bishop, D. Cameron, M. L. Hamshere, J. Han, L. Hubbard, A. Lynham, K. Mantripragada, E. Rees, J. H. MacCabe, S. A. McCarroll, B. T. Baune, G. Breen, E. M. Byrne, U. Dannlowski, T. C. Eley, C. Hayward, N. G. Martin, A. M. McIntosh, R. Plomin, D. J. Porteous, N. R. Wray, A. Caballero, D. H. Geschwind, L. M. Huckins, D. M. Ruderfer, E. Santiago, P. Sklar, E. A. Stahl, H. Won, E. Agerbo, T. D. Als, O. A. Andreassen, M. Bækvad-Hansen, P. B. Mortensen, C. B. Pedersen, A. D. Børglum, J. Bybjerg-Grauholm, S. Djurovic, N. Durmishi, M. G. Pedersen, V. Golimbet, J. Grove, D. M. Hougaard, M. Mattheisen, E. Molden, O. Mors, M. Nordentoft, M. Pejovic-Milovancevic, E. Sigurdsson, T. Silagadze, C. S. Hansen, K. Stefansson, H. Stefansson, S. Steinberg, S. Tosato, T. Werge, GERAD1 Consortium, CRESTAR Consortium, D. A. Collier, D. Rujescu, G. Kirov, M. J. Owen, M. C. O'Donovan, and J. T. R. Walters. 2018. Common schizophrenia alleles are enriched in mutation-intolerant genes and in regions under strong background selection. *Nature Genetics* 50(3): 381-389. doi:10.1038/s41588-018-0059-2.

Pickering, C., and J. Kiely. 2017. ACTN3: More than just a gene for speed. *Frontiers in Physiology* 8: 1080. doi:10.3389/fphys.2017.01080.

Platt, O. S., D. J. Brambilla, W. F. Rosse, P. F. Milner, O. Castro, M. H. Steinberg, and P. P. Klug. 1994. Mortality in sickle cell disease: Life expectancy and risk factors for early death. *New England Journal of Medicine* 330: 1639-1644. doi:10.1056/NEJM199406093302303.

Posey, J. E., A. H. O'Donnell-Luria, J. X. Chong, T. Harel, S. N. Jhangiani, Z. H. Coban Akdemir, S. Buyske, D. Pehlivan, C. Carvalho, S. Baxter, N. Sobreira, P. Liu, N. Wu, J. A. Rosenfeld, S. Kumar, D. Avramopoulos, J. J. White, K. F. Doheny, P. D. Witmer, C. Boehm, V. R. Sutton, D. M. Muzny, E. Boerwinkle, M. Günel, D. A. Nickerson, S. Mane, D. G. MacArthur, R. A. Gibbs, A. Hamosh, R. P. Lifton, T. C. Matise, H. L. Rehm, M. Gerstein, M. J. Bamshad, D. Valle, J. R. Lupski, and Centers for Mendelian Genomics. 2019. Insights into genetics, human biology and disease gleaned from family-based genomic studies. *Genetics in Medicine* 21(4): 798-812. doi.org: 10.1038/s41436-018-0408-7.

President's Commission. 1982. *Splicing life: A report on the social and ethical issues of genetic engineering with human beings.* Washington, DC: President's Commission for the Study of Ethical Problems in Medicine and Biomedical and Behavioral Research. https://bioethics.georgetown.edu/documents/pcemr/splicinglife.pdf.

Pulecio, J., Verma, N., Mejía-Ramírez, E., Huangfu, D., and Raya, A. 2017. CRISPR/Cas9-Based Engineering of the Epigenome. *Cell Stem Cell* 21(4): 431-447. doi:10.1016/j.stem.2017.09.006.

Quinn, C. T., Z. R. Rogers, T. L. McCavit, and G. R. Buchanan. 2010. Improved survival of children and adolescents with sickle cell disease. *Blood* 115(17): 3447-3452. doi.org: 10.1182/blood-2009-07-233700.

Rasmussen, K. L., A. Tybjærg-Hansen, B. G. Nordestgaard, and R. Frikke-Schmidt. 2018. Absolute 10-year risk of dementia by age, sex, and APOE genotype: A population-based cohort study. *Canadian Medical Association Journal* 90(35):E1033-E1041. doi:10.1503/cmaj.180066.

RCOG (Royal College of Obstetricians and Gynaecologists). 2016. Ovarian Hyperstimulation Syndrome. London, U.K. https://www.rcog.org.uk/globalassets/documents/patients/patient-informationleaflets/gynaecology/pi_ohss.pdf.

Rees, H. A., and D. R. Liu. 2018. Base editing: Precision chemistry on the genome and transcriptome of living cells. *Nature Reviews Genetics* 19(12): 770-788. doi:10.1038/s41576-018-0059-1.

Richter, M. F., Zhao, K. T., Eton, E., et al. 2020. Phage-assisted evolution of an adenine base editor with improved Cas domain compatibility and activity. *Nature Biotechnology* 38: 883-891. doi:10.1038/s4157-020-0414-6.

Riordan, J. R., J. M. Rommens, B. Kerem, N. Alon, R. Rozmahel, Z. Grzelczak, J. Zielenski, S. Lok, N. Plavsic, J. L. Chou, M. L. Drumm, M. C. Iannuzzi, F. S. Collins and L.-C. Tsui. 1989. Identification of the cystic fibrosis gene: Cloning and characterization of complementary DNA. *Science* 245(4922): 1066-1073. doi:10.1126/science.2475911.

Rivron, N., M. Pera, J. Rossant, A. Martinez Arias, M. Zernicka-Goetz, J. Fu, S. van den Brink, A. Bredenoord, W. Dondorp, G. de Wert, I. Hyun, M. Munsie, and R. Isasi. 2018. Debate ethics of embryo models from stem cells. *Nature* 564(7735): 183-185. doi:10.1038/d41586-018-07663-9.

Rockoff, J. D. 2019. New gene therapy priced at $1.8 million in Europe. *Wall Street Journal,* June 14. https://www.wsj.com/articles/new-gene-therapy-priced-at-1-8-million-in-europe-11560529116.

Romdhane, L., N. Mezzi, Y. Hamdi, G. El-Kamah, A. Barakat, and S. Abdelhak. 2019. Consanguinity and inbreeding in health and disease in North African populations. *Annual Review of Genomics and Human Genetics* 20: 155-179.

Rossant, J., and P. P. L. Tam. 2017. New insights into early human development: Lessons for stem cell derivation and differentiation. *Cell Stem Cell* 20: 18-28. doi:10.1016/j.stem.2016.12.004.

Rouet, P., F. Smih, and M. Jasin. 1994. Introduction of double-strand breaks into the genome of mouse cells by expression of a rare-cutting endonuclease. *Molecular and Cellular Biology* 14(12): 8096-8106. doi:10.1128/mcb.14.12.8096.

Rulli, T. 2014. Preferring a genetically-related child. *Journal of Moral Philosophy* 1-30. doi:10.1163/17455243-4681062.

Sakuma, T., Nakade, S., Sakane, Y., et al. 2016. MMEJ-assisted gene knock-in using TALENs and CRISPR-Cas9 with the PITCh systems. *Nature Protocols* 11: 118-133. doi:10.1038/nprot.2015.140.

Sander J. D., and J. K. Joung. 2014. CRISPR-Cas systems for editing, regulating and targeting genomes. *Nature Biotechnology* 32(4): 347 - 355. doi:10.1038/nbt.2842.

Sasaki, K., S. Yokobayashi, T. Nakamura, I. Okamoto, Y. Yabuta, K. Kurimoto, H. Ohta, Y. Moritoki, C. Iwatani, H. Tsuchiya, S. Nakamura, K. Sekiguchi, T. Sakuma, T. Yamamoto, T. Mor, K. Woltjen, M. Nakagawa, T. Yamamoto, K. Takahashi, S. Yamanaka, and M. Saitou. 2015. Robust in vitro induction of human germ cell fate from pluripotent stem cells. *Cell Stem Cell* 7(2): 178-94. doi:10.1016/j.stem.2015.06.014.

Sasani, T. A., Pedersen, B. S., Gao, Z., Baird, L., Przeworski, M., Jorde, L. B., & Quinlan, A. R. (2019). Large, three-generation human families reveal post-zygotic mosaicism and variability in germline mutation accumulation. eLife, 8, e46922. doi:10.7554/eLife.46922.

Schenk, M., Groselj-Strele, A., Eberhard, K., Feldmeier, E., Kastelic, D., Cerk, S., and Weiss, G. 2018. Impact of polar body biopsy on embryo morphokinetics-back to the roots in preimplantation *genetic testing?. Journal of Assisted Reproduction and Genetics* 35(8):1521-1528. doi:10.1007/s10815-018-1207-4.

Schultz, N., F. K. Hamra, and D. L. Garbers. 2003. A multitude of genes expressed solely in meiotic or postmeiotic spermatogenic cells offers a myriad of contraceptive targets. *Proceedings of the National Academy of Sciences* 100(21): 12201-12206. doi:10.1073/PNAS.1635054100.

Segers, S., Pennings, G., and Mertes, H. 2019. Getting what you desire: the normative significance of genetic relatedness in parent-child relationships. *Medicine, Health Care and Philosophy* 22: 487-495. doi:10.1007/s11019-019-09889-4.

Simunovic, M., and A. H. Brivanlou. 2017. Embryoids, organoids, and gastruloids: New approaches to understanding embryogenesis. *Development* 144(6): 976-985. doi:10.1242/dev.143529.

Slaymaker, I. M., L. Gao, B. Zetsche, D. A. Scott, W. X. Yan, and F. Zhang. 2016. Rationally engineered Cas9 nucleases with improved specificity. *Science* 351(6268): 84-88. doi:10.1126/science.aad5227.

Smith, Z. D., M. M. Chan, K. C. Humm, R. Karnik, S. Mekhoubad, A. Regev, K. Eggan, and A. Meissner. 2014. DNA methylation dynamics of the human preimplantation embryo. *Nature* 511(7511): 611-615. doi:10.1038/nature13581.

SRCD (Society for Research in Child Development). 2007. Ethical standards for research with children. https://www.srcd.org/about-us/ethical-standards-research-children.

Stadtmauer, E. A., J. A. Fraietta, M. M. Davis, A. D. Cohen, K. Weber, E. Lancaster, P. A. Mangan, I.

Kulikovskaya, M. Gupta, F. Chen, L. Tian, V. E. Gonzalez, J. Xu, I. Y. Jung, J. J. Melenhorst, G. Plesa, J. Shea, T. Matlawski, A. Cervini, A. L. Gaymon, S. Desjardins, A. Lamontagne, J. Salas-Mckee, A. Fesnak, D. L. Siegel, B. L. Levine, J. K. Jadlowsky, R. M. Young, A. Chew, W. T. Hwang, E. O. Hexner, B. M. Carreno, C. L. Nobles, F. D. Bushman, K. R. Parker, Y. Qi, A. T. Satpathy, H. Y. Chang, Y. Zhao, S. F. Lacey, and C. H. June. 2020. CRISPR-engineered T cells in patients with refractory cancer. *Science* 367(6481):eaba7365. doi:10.1126/science.aba7365.

Steffann, J., P. Jouannet, J. P. Bonnefont, H. Chneiweiss, and N. Frydman. 2018. Could failure in preimplantation genetic diagnosis justify editing the human embryo genome? *Cell Stem Cell* 22(4): 481-482. doi:10.1016/j.stem.2018.01.004.

Stock, G., and J. Campbell. 2000. *Engineering the human germline*. Oxford, U.K.: Oxford University Press.

Strom, C. M., B. Crossley, A. Buller-Buerkle, M. Jarvis, F. Quan, M. Peng, K. Muralidharan, V. Pratt, J. B. Redman, and W. Sun. 2011. Cystic fibrosis testing eight years on: Lessons learned from carrier screening and sequencing analysis. *Genetics in Medicine* 13: 166-172. doi:10.1097/GIM.0b013e3181fa24c4.

Sürün, D., Schneider, A., Mircetic, J., Neumann, K., Lansing, F., Paszkowski-Rogacz, M., Hänchen, V., Lee-Kirsch, M.A., and Buchholz, F. 2020. Efficient generation and correction of mutations in human iPS cells utilizing mRNAs of CRISPR base editors and prime editors. *Genes* 11: 511. doi:10.3390/genes11050511.

Tan, J., F. Zhang, D. Karcher, and R. Bock. 2020. Expanding the genome-targeting scope and the site selectivity of high-precision base editors. *Nature Communications* 11(1): 629. doi:10.1038/s41467-020-14465-z.

Tang, L., Y. Zeng, X. Zhou, H. Du, C. Li, J. Liu, and P. Zhang. 2018. Highly efficient ssODN-mediated homology-directed repair of DSBs generated by CRISPR/Cas9 in human 3PN zygotes. *Molecular Reproduction and Development* 85(6): 461-463. doi:10.1002/CD4.22983.

Tebas, P., D. Stein, W. W. Tang, I. Frank, S. Q. Wang, G. Lee, S. K. Spratt, R. T. Surosky, M. A. Giedlin, G. Nichol, M. C. Holmes, P. D. Gregory, D. G. Ando, M. Kalos, R. G. Collman, G. Binder-Scholl, G. Plesa, W. T. Hwang, B. L. Levine, and C. H. June. 2014. Gene editing CD4CCR5 in autolCD4us CD4 T cells of persons infected with HIV. *New England Journal of Medicine* 370(10): 901-910. doi:10.1056/NEJMoa1300662.

Tenenbaum-Rakover, Y., A. Weinberg-Shukron, P. Renbaum, O. Lobel, H. Eideh, S. Gulsuner, D. Dahary, A. Abu-Rayyan, M. Kanaan, E. Levy-Lahad, D. Bercovich, and D. Zangen. 2015. Minichromosome maintenance complex component 8 (MCM8) gene mutations result in primary gonadal failure. *Journal of Medical Genetics* 52: 391-399.

Timpson, N. J., C. M. T. Greenwood, N. Soranzo, D. J. Lawson, and J. B. Richards. 2018. Genetic architecture: The shape of the genetic contribution to human traits and disease. *Nature Reviews Genetics* 19(2): 110-124. doi:10.1038/nrg.2017.101.

Tsai, S. Q., and J. K. Joung. 2016. Defining and improving the genome-wide specificities of CRISPRCas9 nuclease. *Nature Reviews Genetics* 17(5): 300-312. doi:10.1038/nrg.2016.28.

UKDH (United Kingdom Department of Health). 2000. Stem cell research: Medical progress with responsibility. *Cloning* 2(2): 91-96. doi:10.1089/15204550043611З.

UNESCO (United Nations Educational, Scientific, and Cultural Organization). 2015. *Report of the International Bioethics Committee on updating its reflection on the human genome and human rights*. Paris, France. http://www.coe.int/en/web/bioethics/-/gene-editing.

Viotti, M., A. R. Victor, D. K. Griffin, J. S. Groob, A. J. Brake, C. G. Zouves, and F. L. Barnes. 2019. Estimating demand for germline genome editing: An in vitro fertilization clinic perspective. The CRISPR Journal 2(5): 304-315. doi:10.1089/crispr.2019.0044.

Walker, F. O. 2007. Huntington's disease. *The Lancet* 369(9557): 218-228. doi:10.1016/S0140-6736(07)60111-1.

Wang, L., and J. Li. 2019. "Artificial spermatid"-mediated genome editing dagger. *Biology of Reproduction* 101: 538-548. doi:10.1093/biolre/ioz087.

Wang, Y., Q. Liu, F. Tang, L. Yan, and J. Qiao. 2019. Epigenetic regulation and risk factors during the development of human gametes and early embryos. *Annual Review of Genomics and Human Genetics* 20: 21-40. doi.org: 10.1146/annurev-genom-083118-015143.

Warmflash, A. 2017. Synthetic embryos: Windows into mammalian development. *Cell Stem Cell* 20(5): 581-582. doi:10.1016/j.stem.2017.04.001.

Wei, Y., Zhang, T., Wang, Y., Schatten, H., and Sun, Q. Polar bodies in assisted reproductive technology: current progress and future perspectives. *Biology of Reproduction* 92(1): 19, 1-8. doi:10.1095/biolreprod.114.125575.

Wensink, P. C., D. J. Finnegan, J. E. Donelson, and D. S. Hogness. 1974. A system for mapping DNA sequences in the chromosomes of Drosophila melanogaster. *Cell* 3(4): 315-325. doi:10.1016/0092-8674(74)90045-2.

Wertz, D. C., and B. M. Knoppers. 2002. Serious genetic disorders: Can or should they be defined? *American Journal of Medical Genetics* 108(1): 29-35. doi:10.1002/ajmg.10212.

WHO (World Health Organization). 2019a. *Genes and human diseases.* Geneva, Switzerland. https://www.who.int/genomics/public/geneticdiseases/en/index2.html.

WHO (World Health Organization). 2019b. WHO launches global registry on human genome editing. News release, August 29. Geneva, Switzerland. https://www.who.int/news-room/detail/29-08-2019-who-launches-global-registry-on-human-genome-editing.

Wienert, B., S. K. Wyman, C. D. Richardson, C. D. Yeh, P. Akcakaya, M. J. Porritt, M. Morlock, J. T. Vu, K. R. Kazane, H. L. Watry, L. M. Judge, B. R. Conklin, M. Maresca, and J. E. Corn. 2019. Unbiased detection of CRISPR off-targets in vivo using DISCOVER-Seq. *Science* 364(6437): 286-289. doi:10.1126/science.aav9023.

WMA (World Medical Association). 2013. World Medical Association Declaration of Helsinki: Ethical principles for medical research involving human subjects. *Journal of the American Medical Association* 310(20): 2191-2194. doi:10.1001/jama.2013.281053.

Wu, Y., H. Zhou, X. Fan, Y. Zhang, M. Zhang, Y. Wang, Z. Xie, M. Bai, Q. Yin, D. Liang, W. Tang, J. Liao, C. Zhou, W. Liu, P. Zhu, H. Guo, H. Pan, C. Wu, H. Shi, L. Wu, F. Tang, and J. Li. 2015.

Correction of a genetic disease by CRISPR-Cas9-mediated gene editing in mouse spermatogonial stem cells. *Cell Research* 25: 67-79. doi:10.1038/cr.2014.160.

Xu, Q., and W. Xie. 2018. Epigenome in early mammalian development: Inheritance, reprogramming and establishment. *Trends in Cell Biology* 28(3): 237-253. doi:10.1016/j.tcb.2017.10.008.

Yamashiro C., Sasaki K., Yokobayashi S., Kojima Y., Saitou M. 2020. Generation of human oogonia from induced pluripotent stem cells in culture. *Nature Protocols* 15(4): 1560-1583. doi:10.1038/s41596-020-0297-5.

Yamashiro, C., K. Sasaki, Y. Yabuta, Y. Kojima, T. Nakamura, I. Okamoto, S. Yokobayashi, Y. Murase, Y. Ishikura, K. Shirane, H. Sasaki, T. Yamamoto, and M. Saitou. 2018. Generation of human oogonia from induced pluripotent stem cells in vitro. *Science* 362(6412): 356-360. doi:10.1126/science.aat1674.

Yatsenko, A. N., A. P. Georgiadis, A. Röpke, A. J. Berman, T. Jaffe, M. Olszewska, B. Westernströer, J. Sanfilippo, M. Kurpisz, A. Rajkovic, S. A. Yatsenko, S. Kliesch, S. Schlatt, and F. Tüttelmann. 2015. X-linked *TEX11* mutations, meiotic arrest, and azoospermia in infertile men. *New England Journal of Medicine* 372(22): 2097-2107. doi:10.1056/NEJMoa1406192.

Yu, Y., Leete, T.C., Born, D.A., et al. 2020. Cytosine base editors with minimized unguided DNA and RNA off-target events and high on-target activity. *Nature Communications* 11: 2052. doi:10.1038/s41467-020-15887-5.

Yuan, Y., Li, L., Cheng, Q., Diao, F., Zeng, Q., Yang, X., Wu, Y., Zhang, H., Huang, M., Chen, J., Zhou, Q., Zhu, Y., Hua, R., Tian, J., Wang, X., Zhou, Z., Hao, J., Yu, J., Hua, D., Liu, J., Guo, X., Zhoug, Q., and Sha, J. 2020. In vitro testicular organogenesis from human fetal gonads produces fertilization-competent spermatids. *Cell Research.* 30(3): 244-255. doi.org: 10.1038/s41422-020-0283-z.

Zanetti, B. F., D. P. A. F. Braga, A. S. Setti, R. C. S. Figueira, A. Iaconelli Jr., and E. Borges Jr. 2019. Preimblantation genetic testing for monogenic diseases: A Brazilian IVF centre experience. *Journal of the Brazilian Society of Assisted Reproduction* 23(2): 99-105. doi:10.5935/1518-0557.20180076.

Zeng, Y., Li, J., Li, G., Huang, S., Yu, W., Zhang, Y., Chen, D., Chen, J., Liu, J., and Huang, X. 2018. Correction of the Marfan Syndrome Pathogenic FBN1 Mutation by Base Editing in Human Cells and Heterozygous Embryos. *Molecular Therapy: The Journal of the American Society of Gene Therapy* 26(11): 2631-2637. doi:10.1016/j.ymthe.2018.08.007.

Zhang, M., C. Zhou, Y. Wei, C. Xu, H. Pan, W. Ying, Y. Sun, Y. Sun, Q. Xiao, N. Yao, W. Zhong, Y. Li, K. Wu, G. Yuan, S. Mitalipov, Z. Chen, and H. Yang. 2019. Human cleaving embryos enable robust homozygotic nucleotide substitutions by base editors. *Genome Biology* 20: 101. doi:10.1186/s13059-019-1703-6.

Zhang, X. M., K. Wu, Y. Zheng, H. Zhao, J. Gao, Z. Hou, M. Zhang, J. Liao, J. Zhang, Y. Gao, Y. Li, L. Li, F. Tang, Z. J. Chen, and J. Li. 2020. In vitro expansion of human sperm through nuclear transfer. *Cell Research* 30: 356-359. doi:10.1038/s41422-019-0265-1.

Zhao, D., Li, J., Li, S., Xin, X., Hu, M., Price, M. A., Rosser, S. J., Bi, C., and Zhang, X. 2020. Glycosylase base editors enable C-to-A and C-to-G base changes. *Nature Biotechnology.* doi:10.1038/s41587-020-0592-2.

Zhou, C., M. Zhang, Y. Wei, Y. Sun, Y. Sun, H. Pan, N. Yao, W. Zhong, Y. Li, W. Li, H. Yang, and Z. Chen. 2017. Highly efficient base editing in human tripronuclear zygotes. *Protein and Cell* 8: 772-775. doi:10.1007/s13238-017-0459-6.

Zhou, F., R. Wang, P. Yuan, Y. Ren, Y. Mao, R. Li, Y. Lian, J. Li, L. Wen, L. Yan, J. Qiao, and F. Tang. 2019. Reconstituting the transcriptome and DNA methylome landscapes of human implantation. *Nature* 572: 660-664. doi.org: 10.1038/s41586-019-1500-0.

Zhou, Q., Wang, M., Yuan, Y., Wang, X., Fu, R., Wan, H., Xie, M., Liu, M., Guo, X., Zheng, Y., Feng, G., Shi, Q., Zhao, X. Y., Sha, J., and Zhou, Q. 2016. Complete Meiosis from Embryonic Stem Cell-Derived Germ Cells In Vitro. *Cell Stem Cell* 18(3): 330-340. https://doi.org/10.1016/j.stem.2016.01.017.

Zhu, F., R. R. Nair, E. M. C. Fisher, and T. J. Cunningham. 2019. Humanising the mouse genome piece by piece. *Nature Communications* 10(1): 1845. doi:10.1038/s41467-019-09716-7.

Zhu, P., H. Guo, Y. Ren, Y. Hou, J. Dong, R. Li, Y. Lian, X. Fan, B. Hu, Y. Gao, X. Wang, Y. Wei, P. Liu, J. Yan, X. Ren, P. Yuan, Y. Yuan, Z. Yan, L. Wen, L. Yan, J. Qiao, and F. Tang. 2018. Single-cell DNA methylome sequencing of human preimplantation embryos. *Nature Genetics* 50: 12-19. doi.org: 10.1038/s41588-017-0007-6.

Zlotogora, J. 1997. Dominance and homozygosity. *American Journal of Medical Genetics* 68: 412-416.

Zuccaro, M. V., Xu, J., Mitchell, C., Marin, D., Zimmerman, R., Rana, B., Weinstein, E., King, R. T., Smith, M., Tsang, S. H., Goland, R., Jasin, M., Lobo, R., Treff, N., and Egli, D. Reading frame restoration at the EYS locus, and allele-specific chromosome removal after Cas9 cleavage in human embryos. *bioRxiv* 2020.06.17.149237; doi:10.1101/2020.06.17.149237.

Zuo, E., Y. Sun, W. Wei, T. Yuan, W. Ying, H. Sun, L. Yuan, L. M. Steinmetz, Y. Li, and H. Yang. 2019. Cytosine base editor generates substantial off-target single-nucleotide variants in mouse embryos. *Science* 364(6437): 289-292. doi:10.1126/science.aav9973.

# 附录A　信息来源和方法

人类生殖系基因组编辑临床应用国际委员会的任务是为科学家、临床医生和监管机构开发一个框架，以便在社会得出结论认为可遗传人类基因组编辑应用程序可接受时，评估人类种系基因组编辑的潜在临床用途 。

## A.1　委员会组成

美国国家医学科学院、美国国家科学院和英国皇家学会任命了一个由18名专家组成的委员会来执行任务说明。本委员会的成员遍布10个国家和四大洲，包括科学、医学、遗传学、伦理学、心理学、法规和法律方面的专家。 附录B提供了每个成员的简历。

此外，来自多个国家科学院和国际机构的国际监督委员会负责确保委员会遵循适当的程序，包括批准委员会的任务说明和成员资格，并确保委员会的报告在表达之前经过严格的外部审查。

## A.2　会议和信息收集活动

委员会的研讨从大约2019年6月延续至2020年3月，进行了评估并编写最终报告。为了完成本任务，委员会分析了从当前文献和其他可公开获得的资源中获得的信息，并开展了信息收集活动，例如，邀请利益相关者在公开会议上分享观点、举行网络研讨会，以及在线和亲自征询公众意见。

### A.2.1　公开会议和网络研讨会

在研究过程中举行的会议和网络研讨会使委员会成员能够从一系列利益相关者和公众中获取意见。

本委员会的第一次会议于2019年8月在华盛顿特区举行。公开会议使委员会有机会与IOB和赞助组织的联合主席讨论其任务说明，并听取有关科学家对遗传学和基因操作的理解现状，科学家、开发人员和监管机构对体细胞基因组编辑转化途径的介绍，以及遗传病患者群体的观点。

2019年11月，委员会在英国伦敦举行了第二次会议和研讨。委员会从受邀专家那里听取了若干报告，包括有关可遗传人类基因组编辑（HHGE）的医学伦理学、HHGE在临床上的使用将如何与辅助生殖技术的联合使用，以及可能促进

HHGE 实际应用的技术，包括在胚胎和生殖细胞编辑、验证编辑，以及我们可以从动物模型中学到的知识。此外，委员会主持了一场与世界卫生组织咨询委员会两名成员的主题讨论，讨论内容就是 HHGE 的政府监管。

在 2020 年 1 月的第三次会议上，委员会成员制定了本报告中提出的结论和建议。

2019 年 10 月，委员会还就相关领域的研究状况举行了一系列四场公开网络研讨会。这些网络研讨会的内容包括：①在 HHGE 范围内的知情同意；②基因组编辑对胚胎生存力的影响以及关于编辑精原干细胞的研究现状；③同源性指导的修复和单细胞基因组学；④中靶和脱靶编辑的验证。

在这些会议和网络研讨会上向委员会提供资料的发言人名单见后文。

### A.2.2 公众意见

委员会的数据收集会议为委员会与各种利益相关者互动提供了机会。每次公开会议都有一个公众意见征询期，在此期间，委员会邀请感兴趣的团体给予意见。委员会还致力于使其活动尽可能透明和易于获取。

由美国国家科学院和英国皇家学会主办的研究网站会定期更新，以反映委员会近期和计划中的活动。研究范围包括：设立研究专属的电邮地址，用于收回评论和提出问题；可以订阅电子邮件更新以共享更多信息，并征询其他意见和反馈。

在整个研究过程中，都提供了配字幕的实时视频，以使那些无法亲自参加公开会议的人有机会提供意见。从外部来源或通过在线评论提供给委员会的信息可通过美国国家科学院的公共访问记录办公室索取。

### A.2.3 征集证据

为了向其讨论提供信息，2019 年秋季，委员会对于证据回应进行了公开征集。一些有关 HHGE 考虑因素的问题广泛进行了意见征集，而另一些问题则要求在临床前安全性和有效性以及人类胚胎中的基因组编辑等方面提供技术意见。还有其他问题询问有关对 HHGE 的知情同意、长期监控和监督的考量。

共收到了 83 份答复。来自世界各大洲的受访者包括学术领袖、律师、社会科学家和哲学家、残疾倡导团体的代表、期刊、国家伦理委员会、工业界和科学学会。

### A.2.4 咨询专家

以下人员应邀在委员会数据收集会议上发言，或提供其他专家意见。

索尼娅 • 阿布德尔哈克（Sonia Abdelhak）

突尼斯巴斯德研究所

里特 • 亚当森（Britt Adamson）
普林斯顿大学

法比亚纳 • 阿苏亚加（Fabiana Arzuaga）
阿根廷科学技术与生产创新部

理查德 • 阿什克罗夫特（Richard Ashcroft）
英国伦敦城市大学

克里斯蒂娜 • 伯格（Christina Bergh）
瑞典哥德堡大学

彼得 • 布劳德（Peter Braude）
英国伦敦国王学院

安妮莲 • 布雷德诺德（Annelien Bredenoord）
荷兰乌得勒支大学医学中心

阿拉文达 • 查克拉瓦蒂（Aravinda Chakravarti）
纽约大学医学院

萨拉 • 陈（Sarah Chan）
英国爱丁堡大学

艾伦 • 克莱顿（Ellen Clayton）
范德比尔特大学

查德 • 考恩（Chad Cowan）
哈佛干细胞研究所

塔里克 • 图赫（Tarek El-Toukhy）
英国 NHS 盖伊和圣托马斯医院

弗朗西斯 • 弗林特（Frances Flinter）
英国伦敦国王学院

丹尼斯 • 加文（Denise Gavin）
美国食品药品监督管理局

梅丽莎 • 戈尔茨坦（Melissa Goldstein）
乔治 • 华盛顿大学

玛格丽特 • 汉堡（Margaret Hamburg）
美国国家医学科学院和世界卫生组织专家咨询委员会共同主席

蒙塔瑟 • 易卜拉欣（Muntaser Ibrahim）
苏丹喀土穆大学

皮埃尔 • 朱安内（Pierre Jouannet）
法国巴黎笛卡儿大学

金真秀（Jin-Soo Kim）
首尔国立大学

罗伯特 • 克利兹曼（Robert Klitzman）
哥伦比亚大学

詹姆斯 • 劳福德 • 戴维斯（James Lawford Davies）
英国迪克森律师事务所

杰基 • 利奇 • 斯库利（Jackie Leach Scully）
澳大利亚新南威尔士大学和英国纽卡斯尔大学

布鲁斯 • 莱文（Bruce Levine）
宾夕法尼亚大学

罗宾 • 洛维尔 - 巴杰（Robin Lovell-Badge）
英国弗朗西斯 • 克里克研究所

桑迪 • 麦克雷（Sandy Macrae）
Sangamo Therapeutics 公司

朱莉 • 马卡尼（Julie Makani）
坦桑尼亚穆希姆比利健康与相关科学大学

尼克 • 米德（Nick Meade）
英国基因联盟

舒克拉特 • 米塔利波夫（Shoukhrat Mitalipov）
俄勒冈健康与科学大学

维克 • 迈尔（Vic Myer）
Editas Medicine 公司

凯西 • 尼亚坎（Kathy Niakan）
弗朗西斯 • 克里克研究所

莎拉 • 诺克罗斯（Sarah Norcross）
进步教育信托

海伦 • 奥尼尔（Helen O’Neill）
英国伦敦大学学院

凯尔 • 奥维格（Kyle Orwig）
马吉妇女研究所

马修 • 波特斯（Matthew Porteus）
斯坦福大学

亚当 • 皮尔森（Adam Pearson）
英国演员、主持人和竞选人

凯瑟琳 • 拉考斯基（Catherine Racowsky）
美国布里格姆妇女医院

阿奇姆 • 苏拉尼（Azim Surani）
英国剑桥大学

莎拉 • 泰奇曼（Sarah Teichmann）
Wellcome Sanger 研究所

莎伦 • 特里（Sharon Terry）
美国基因联盟

彼得 • 汤普森（Peter Thompson）
英国人类受精与胚胎学管理局

凯莉 • 沃利内茨（Carrie Wolinetz）
美国国立卫生研究院

谢晓亮（Xiaoliang Sunney Xie）
北京大学

杨辉
中国科学院神经科学研究所

穆罕默德 • 查希尔（Mohammed Zahir）
坦桑尼亚穆希姆比利健康与相关科学大学

# 附录 B 学术委员会成员介绍

**凯 • E. 戴维斯（Kay E. Davies）**，哲学博士，牛津大学生理学、解剖学和遗传学系的遗传学教授，也是牛津大学医学部主管发展、影响和平等的副主任。她在1999 年建立了医学研究委员会（MRC）功能基因组学单位，并在 2000 年共同创立了牛津基因功能中心。她是英国肌肉萎缩症（MDUK）牛津神经肌肉中心的副主任。她的研究兴趣在于分子手段分析和开发人类遗传疾病，特别是杜氏肌营养不良的治疗方法，以及基因组学在神经紊乱和基因 - 环境相互作用分析中的应用。她发表了 400 多篇论文，并因此获得了无数奖项。她是 Summit Therapeutics 和 Oxstem 的联合创始人。Davies 博士是医学科学院的创始会员，并于 2003 年被选为皇家学会会员。2008 年，她被任命为维康基金会理事，2013 年至 2017 年担任副主席。2008 年，她因对科学的贡献被授予“大英帝国女爵士”称号。

**理查德 •P. 利夫顿（Richard P. Lifton）**，洛克菲勒大学的第 11 任校长。他的工作是利用人类遗传学和基因组学来理解一系列人类疾病的基本机制。他因发现对人体血压有很大影响的突变通过改变肾盐重吸收而闻名，这一发现为全世界用于降低血压、预防心脏病发作和中风的饮食指南及治疗策略提供了依据；他开发和使用外显子组测序用于临床诊断和疾病基因发现。Lifton 博士以优异成绩毕业于达特茅斯学院，获得斯坦福大学的医学博士和理学博士学位，并在布里格姆女子医院 / 哈佛医学院完成内科培训。在就职于洛克菲勒大学之前，他是耶鲁大学遗传学系主任和斯特林教席教授，在那里他创立了耶鲁基因组分析中心。他是美国国家科学院和美国国家医学院的成员，并在这两个组织的管理委员会任职。他目前任职于西蒙斯自闭症研究基金会和陈 - 扎克伯格倡议生物中心的科学咨询委员会，是罗氏集团及其子公司基因科技的董事。他曾担任美国国立卫生研究院院长顾问委员会成员，以及美国国立卫生研究院精密医学工作组的联合主席，该工作组制定了美国总统倡议计划。他因其研究工作获得了众多奖项，包括 2014 年生命科学突破奖、2008 年威利奖，以及美国心脏协会、美国和国际肾脏病学会、美国和国际高血压学会的最高科学奖。他曾获得西北大学、西奈山医学院和耶鲁大学的荣誉博士学位。

**阿久津秀典（Hidenori Akutsu）**，医学博士，理学博士，是日本东京国家儿童健康与发展中心生殖医学系的主任。他是日本科学和技术创新委员会（CSTI）生物伦理专家组成员，日本科学委员会医学科学和临床应用基因组编辑技术委员会秘书。他的研究探索了植入前发育和干细胞重编程的机制，并在日本获得了人类胚胎干细胞。Akutsu 博士在东崎大学获得医学博士学位，并在福岛医科大学完成了妇产科临床培训。他在福岛医科大学医学院完成了理学博士学位。。

**罗伯特·卡利夫（Robert Califf）**，医学博士，美国心脏病学会会士，美国医学科学院院士，是唐纳德 F. 福廷医学博士，杜克大学心脏病学教授。他还是心脏科的医学教授，仍然是一名执业心脏病专家。Califf 博士曾任食品药品专员（2016—2017）和医药产品及烟草副专员（2015—2016）。在加入美国食品药品监督管理局之前，Califf 博士是杜克大学的医学教授及临床和转化研究的副校长。他还担任杜克转化医学研究所的主任和杜克临床研究所的创始主任。作为国内外公认的心血管医学、健康结果研究、医疗质量和临床研究方面的专家，Califf 博士领导了许多临床试验，并在同行评审文献中发表了 1200 多篇论文。Califf 博士曾在美国食品药品监督管理局和美国国家卫生研究院的多个咨询委员会任职。他领导了旨在改进临床研究方法和基础设施的重大举措，包括由美国食品药品监督管理局和杜克大学共同创立的公私合作伙伴关系“临床试验转化倡议”（Clinical Trials Transformation Initiative）。

**达纳·卡罗尔（Dana Carroll）**，博士，美国科学院院士，犹他大学医学院生物化学系的杰出教授。目前，他还是加州大学伯克利分校创新基因组学研究所公众影响项目的临时主管。Carroll 博士的研究涉及使用靶向核酸酶的基因组工程。他的实验室开创了将锌指核酸酶作为基因靶向工具的开发，继续研究较新的 TALEN 和 CRISPR/Cas 核酸酶，大部分工作集中在优化这些试剂的靶向突变和基因置换效率上。Carroll 博士目前的兴趣包括基因组编辑的社会意义。他在加州大学伯克利分校获得博士学位，并在苏格兰格拉斯哥的比特森癌症研究所和巴尔的摩的卡内基研究所胚胎学系做博士后研究。

**苏珊·戈洛姆博克（Susan Golombok）**，博士，英国国家学术院院士，家庭研究教授，剑桥大学家庭研究中心主任，2005—2006 年在纽约哥伦比亚大学做访问教授。她是研究新家庭形式对儿童发育影响的先驱，也是研究辅助生殖技术（即体外受精、卵子捐赠、精子捐赠和代孕）建立家庭的世界顶尖专家之一。她撰写了 300 多篇学术论文和 7 部著作，她的获奖研究为国家和国际家庭政策及立法作出了贡献。在 20 世纪 90 年代末期，她是英国政府代孕审查委员会的成员，2012—2013 年是纳菲尔德委员会生物伦理工作小组的成员。Golombok 是委员会中的儿童长期研究专家，该委员会主要任务的一个重要组成部分就是确定一套方法，以此来评估基因组编辑对儿童产生的潜在益处和危害之间的平衡，以及对基因组编辑产生的儿童进行长期监测的鉴定和评估机制。1982 年，她获得了伦敦大学精神病学研究所的博士学位，并于 2019 年被选为英国国家学术院院士。

**安迪·格林菲尔德（Andy Greenfield）**，博士，自 1996 年以来一直是医学研究委员会哈维尔研究所的项目负责人，他的实验室主要研究哺乳动物性发育的分子遗传学。从 2003 年到 2007 年，Greenfield 博士担任维康基金会分子、基因和细胞资助委员会的成员，从 2009 年到 2018 年，他是英国人类受精与胚胎学管理局的成员。他从 2014 年到 2018 年担任管理局许可委员会主席，并担任其科学和临床进展咨询委员会副主席，目前担任外部顾问。在 2014 年和 2016 年期间，Greenfield 博士主持了两项关于线粒体捐献技术的专家科学小组审查，线粒体捐献技术是英国线粒体替代疗法的监管审批过程的重要组成部分。他曾多次谈到基因组技术及其在动物和人类中的应用的科学和伦理。从 2014 年到 2020 年，他是纳菲尔德生物伦理委员会的成员，其 2016 年主持工作小组，围绕一系列生物体和环境中使用基因组编辑的伦理问题作出报告。Greenfield 博士毕业于剑桥大学圣约翰学院，获得自然科学学士学位。他在伦敦帝国学院圣玛丽医院医学院获得分子遗传学博士学位，并在澳大利亚昆士兰大学分子生物科学研究所做博士后研究员。他拥有伯克贝克、伦敦大学的哲学硕士学位，也是英国皇家生物学学会的会员。

**拉赫曼 •A. 贾马尔（Rahman A. Jamal）**，医学博士，理学博士，爱尔兰皇家内科医师协会会员，是马来西亚 Kebangsaan 大学吉隆坡校区的副校长。他还是吉隆坡 UKM 医学分子生物学研究所的创始主任，也是儿科肿瘤学、血液学和分子生物学教授。Jamal 博士的研究重点是癌症、其他非传染性疾病、地中海贫血和罕见疾病的分子生物学。他和他的研究小组已经发现了与结直肠癌、胶质瘤和白血病发病机制相关的基因特征。他在 UKM 医学分子生物学研究所开创了个性化和精确医学，现在是马来西亚科学院（Academy of Sciences Malaysia）赞助的精准医学专责小组主席。Jamal 博士是马来西亚人群研究计划的主要调查员，是亚洲人群研究联盟和国际健康人群研究联盟的成员，自 2018 年以来一直是威康信托基金会英国纵向人口研究委员会的成员。他是马来西亚国家细胞研究和治疗伦理委员会主席，也是马来西亚卫生部下属的国家临床研究委员会成员。Jamal 博士目前是 UKM 儿童专科医院的项目总监，该医院将是马来西亚第一家专门为儿童患者服务的医院。1985 年，他从英国医学院毕业，1991 年从爱尔兰皇家内科医学院获得医师资格（儿科）。1996 年，他获得了伦敦大学血液学和分子生物学博士学位，并获得了新加坡管理大学医疗领导和管理的研究生学位。

**杰弗里 • 卡恩（Jeffrey Kahn）**，博士，公共卫生硕士，美国医学科学院院士，于 2016 年担任 Johns Hopkins Berman 生物伦理学研究所的 Andreas C. Dracopoulos 主任。他是首任罗伯特 • 亨利 • 利瓦伊和瑞达 • 赫克特 • 利瓦伊生物伦理和公共政策学教授，也是约翰 • 霍普金斯大学彭博公共卫生学院卫生政策和管理系的教授。Kahn 博士在生物伦理学的多个领域工作，探索伦理学与卫生 / 科学政策的交叉，包括人类和动物研究伦理学、公共卫生和新兴生物医学技术中的伦理问题。他曾在许多州和联邦顾问小组任职。他目前是国家科学、工程和医学科学院健康科学政策管理委员会的主席，并曾担任该管委会关于在生物医学和行为研究中使用黑猩猩的委员会主席（2011 年）；长期太空飞行和探索太空飞行健康标准伦理原则和准则委员会主席（2014 年）；以及线粒体替代技术伦理、社会和政策考虑委员会主席（2016年）。他曾担任美国国立卫生研究院重组DNA咨询委员会的成员。除了委员会的领导和成员，Kahn博士还是美国国家医学院的选举成员和黑斯廷斯中心的选举成员。他是生物伦理项目主任协会的创始主席。Kahn博士的著作包括三本著作和超过125篇学术和研究文章。除了经常与媒体接触外，他还广泛谈论一系列生物伦理问题。从1998年到2002年，他在CNN.com上撰写了每两周一次的伦理事务专栏。在加入约翰霍普金斯大学之前，Kahn博士是Maas家族资助的生物伦理学教授和明尼苏达大学生物伦理学中心主任。他在约翰霍普金斯大学布隆伯格公共卫生学院获得公共卫生硕士学位，在乔治敦大学获得博士学位。

**巴莎·玛丽亚·诺珀斯（Bartha Maria Knoppers）**，法学博士（比较医法学），加拿大法律和医学研究主席，麦吉尔大学医学院基因组学和政策中心主任。2009年至2017年，她担任国际癌症基因组联盟伦理和治理委员会主席，2015年起担任反兴奋剂机构（WADA）伦理咨询小组主席，2013年起担任全球基因组学与健康联盟监管与伦理工作流联合主席。2015—2016年，她是经济合作与发展组织健康数据治理委员会建议书起草小组成员，并于2017年11月在高尔顿举办讲座。她拥有四项荣誉博士学位，是美国科学促进会、黑斯廷斯中心（生物伦理学）、加拿大健康科学学会和加拿大皇家学会的会员。她是加拿大和魁北克骑士团的军官，并获得了2019年亨利•G. 弗里森国际卫生研究奖。

**埃里克·斯蒂芬·兰德（Eric S. Lander）**，博士，美国科学院院士，美国医学科学院院士，麻省理工学院和哈佛大学布罗德研究所主席和创始董事，麻省理工学院生物学教授和哈佛医学院系统生物学教授。从2009年到2017年，他还担任了美国总统贝拉克·奥巴马的科学技术顾问委员会的联合主席。作为遗传学家、分子生物学家和数学家，Lander博士在人类基因组的阅读、理解和生物医学应用方面发挥了开创性的作用。他是人类基因组计划的主要负责人，并在绘制人类疾病和特征的基因图谱、人类遗传变异、基因组结构、基因组进化和全基因组筛选等方面进行了开创性的工作，利用基于CRISPR的基因组编辑来发现对生物过程至关重要的基因。Lander博士曾获得许多荣誉，包括麦克阿瑟奖学金、生命科学突破奖、奥尔巴尼医学和生物学研究奖、盖尔德纳基金会国际奖（加拿大）、丹大卫奖（以色列）、遗传学会孟德尔奖章（英国）、医学之城奖、美国人类遗传学协会威廉艾伦奖、美国科学促进会（AAAS）颁发的阿贝尔森奖、美国科学促进会（AAAS）颁发的科学与技术公众理解奖、麻省理工学院（MIT）颁发的詹姆斯·基利安（James R. Killian Jr.）教师成就奖，以及十多所大学和学院授予的荣誉博士学位。

**李劲松**，博士，中国科学院上海生物化学与细胞生物学研究所教授。李博士实验室专注于干细胞和胚胎发育，在其研究领域做出了重大贡献。他建立小鼠孤雄单倍体胚胎干细胞，可以作为精子替代物，注入MII卵母细胞后，有效支持整个胚胎发育阶段，从而产生半克隆（SC）小鼠。李博士已经证明，这项技术可以用作小鼠遗传分析的独特工具，包括对参与发育过程的特定基因的关键基因 或必要核苷酸进行中等规模的定向筛选；携带与人类发育缺陷相关的定点突变的小鼠模型的有效制备；一步生成模拟人类疾病中多种遗传缺陷的小鼠模型。最近，李博士启动了一项重大的基因组标记项目—基于人工精子细胞介导的 SC 技术，对小鼠体内的每一种蛋白质进行标记。该技术可以精确描述蛋白质的表达和定位模式，以及蛋白质与蛋白质、蛋白质与 DNA 和蛋白质与 RNA 的相互作用。李博士于 2002 年在中国科学院动物研究所获得博士学位，之后在洛克菲勒大学接受博士后培训。

**米歇尔 • 拉姆齐（Michèle Ramsay）**，博士，约翰内斯堡金山大学悉尼布伦纳分子生物科学研究所主任和研究主席。该研究所致力于通过开展生物医学分子和基因组研究，开发新方法解决艰巨的非洲健康问题。Ramsay 博士的研究兴趣包括南非人群中单基因疾病的遗传基础和分子流行病学，以及生活方式选择对疾病的分子病因学及特征的影响中遗传和表观遗传变异的作用。她是南非科学院的成员、非洲人类遗传学协会前任主席，以及国际人类遗传学协会联合会的主席。Ramsay 博士在威特沃特斯兰德大学获得了人类分子遗传学博士学位。

**朱莉 • 史蒂芬（Julie Steffann）**，医学博士，巴黎内克尔儿童疾病医院分子遗传学部门主任，也是巴黎大学遗传学教授。她从 2003 年开始管理着床前基因诊断实验室，并且是巴黎 Imagine 研究所线粒体疾病研究团队的成员。Imagine 研究所专注于了解遗传疾病的机制，并为遗传疾病开发新一代治疗方法。Julie Steffann 负责研究线粒体 DNA 紊乱及其对人类早期胚胎的影响。她研究了线粒体 DNA 突变对人类胚胎 / 胎儿发育的潜在影响，并开发了预防和治疗线粒体 DNA 疾病的方法。2001 年，她在巴黎笛卡儿大学获得医学博士学位，2006 年获得遗传学博士学位。

**B.K. 特尔玛（B. K. Thelma）**，博士，德里大学遗传学系教授和 J. C. Bose 研究员。2009—2014 年她还担任印度总理科学咨询委员会的成员。从 2008 年开始，她是印度政府生物技术部基因组科学和预测医学卓越中心的团队领导。Thelma 博士在人类遗传学和医学基因组学领域做出了独到的贡献。她的研究小组确定了几种新的疾病致病基因，涉及家族性精神分裂症、帕金森病和智力残疾。她的团队也是在印度人群中发现新型类风湿性关节炎和溃疡性结肠炎易感基因的先驱。她目前的工作集中在阿育基因组学，一种结合阿育吠陀学说的创新方法，该方法结合了印度医学体系中个体深层表型分析和当代基因组分析工具，以解决表型异质性造成的我们对常见复杂疾病遗传学的理解局限性，以及利用疾病的细胞模型和基于 CRISPR 的基因组编辑工具对罕见遗传变异进行功能基因组学研究。在她利用科学成果造福于社会的不懈努力中，Thelma 博士很早就建立了基于 DNA 的脆性 X 染色体综合征诊断方法；最近，其对新生儿进行新陈代谢筛查以减轻该国这一大群遗传疾病带来的社会经济负担。Thelma 博士参与了许多长期的后续研究，并为科学和伦理领域的几个专家委员会做出了贡献。她于 2012 年获得斯特里 • 沙克提科学

Samman奖，是印度国家科学院、印度科学院和印度国家科学院的研究员。Thelma博士在班加罗尔大学获得动物学硕士学位，并在德里大学获得动物学博士学位。

**道格•特恩布尔（Douglass Turnbull）**，医学博士，梅斯医学学会会员，英国皇家学会院士，神经学教授，纽卡斯尔大学维康信托线粒体研究中心主任。维康信托线粒体研究中心的研究侧重于了解线粒体疾病患者的临床过程，以及该过程与潜在疾病机制的关系，鉴定导致线粒体疾病的分子和遗传机制，开发防止mtDNA疾病传播的技术，提高线粒体疾病患者疗效。Turnbull博士也是医学研究委员会（MRC）老龄与活力中心的主任，该中心专注于了解生活方式干预如何影响衰老机制，并开展旨在促进健康老龄化的研究。他是国民健康服务（National Health Service）的负责人，该服务高度专业化，为成人和儿童提供罕见线粒体疾病服务。这项服务为全英国的线粒体疾病患者提供最佳护理，中心设在纽卡斯尔、伦敦和牛津。这项服务建立在临床和基础研究的基础上，纽卡斯尔中心每年对1000多名患者进行检查。该服务已经制定了在世界范围内使用的护理路径和患者指南。Turnbull博士于2004年当选为美国医学科学院院士，并于2019年当选为英国皇家学会院士。2016年，道格•特恩布尔爵士（Sir Doug Turnbull）在女王生日庆典上获得了爵士头衔，以表彰他对医疗保健研究和治疗，尤其是线粒体疾病的贡献。他在纽卡斯尔大学获得了医学学士、外科学士、医学博士和理学博士学位。

**王皓毅**，博士，在中国科学院动物研究所干细胞与生殖生物学国家重点实验室领导一个研究组。王博士实验室致力于开发新技术，实现高效、特异的基因组工程，并应用于基因功能研究和建立新的治疗方法。他的实验室开发出一种受精卵电穿孔核酸酶法，用于高通量、高效率的生成转基因小鼠，它是一种调控基因转录的Casilio方法，可以生成有多重基因编辑功能的CAR-T细胞。王博士的早期研究工作致力于各种基因组工程技术的开发，包括：用于确定转录因子全基因组结合位置的基于转座子的“名片”方法；人类多能干细胞和小鼠中TALEN介导的基因组编辑；小鼠中CRISPR介导的多重基因组编辑；人类细胞中CRISPR介导的基因激活。王博士在圣路易斯华盛顿大学获得博士学位。

**安娜•韦德尔（Anna Wedell）**，医学博士，卡罗琳斯卡大学医院遗传代谢疾病中心主任，瑞典斯德哥尔摩卡罗琳斯卡学院医学遗传学教授。Wedell博士领导一个整合转化中心，该中心结合了临床和检验医学、高通量基因组学和基础实验科学。该中心在瑞典开展先天代谢缺陷的临床诊断，包括国家新生儿筛查计划（PKU测试）。该中心还重点关注线粒体医学。Wedell博士隶属于生命科学实验室，这是一个从事高通量生物学研究的国家级机构。她已将全基因组测序应用于医疗保健，并发现了许多新的单基因疾病。她于1988年获得医学博士学位，1994年在卡罗林斯卡学院获得医学遗传学博士学位。2006年，在卡罗林斯卡大学医院接受培训后，她获得了临床遗传学认证。Wedell博士是卡罗林斯卡学院和瑞典皇家科学院的诺贝尔大会成员。

# 附录C 术 语 表

**等位基因**：染色体上特定位点的基因的变异形式，不同的等位基因会在遗传特征上产生变异。

**孤雄单倍体胚胎干细胞（AG-haESC）**：通过将精子注射到已去除母源染色体的卵母细胞中，或通过去除雌原核的受精卵而产生的胚胎所分离得到的细胞。

**非整倍体**：细胞中存在异常数量的染色体。

**辅助生殖技术（ART）**：涉及实验室处理配子（卵子和精子）或胚胎的生育治疗或手段，如体外受精和卵胞质内精子注射。

**常染色体显性**：一种遗传模式，该模式中，受影响个体的常染色体上有一个致病基因拷贝和一个非致病基因拷贝。致病基因拷贝决定最终表型。人类有22对常染色体和1对性染色体（见下文）。

**常染色体隐性**：一种遗传模式，该模式中，受影响个体的常染色体上，基因的两个拷贝中都有致病序列。基因仅单致病拷贝不足以导致表型。

**囊胚**：哺乳动物胚胎着床前的特定阶段（人类受精后约5天出现），含有50～150个细胞。囊胚呈球体，球体由外细胞层（滋养层）、充满液体的空腔（囊胚腔或胚泡腔）和内部的一群细胞（内细胞团）组成。如果在培养基中培养来自内细胞团的细胞，可以产生胚胎干细胞系。

**Cas9（CRISPR关联蛋白9）**：一种可切割DNA序列的特殊核酸酶。Cas9是CRISPR/Cas9基因组编辑体系"工具包"的一部分。

**染色质**：形成染色体的DNA和蛋白质的复合物。一些蛋白质是结构性的，有助于组织和保护DNA；另一些蛋白质是调节性的，负责调控基因活性，促进DNA复制或修复。

**染色体**：包含单一长度DNA的线状结构，通常携带数百个基因，并被蛋白质包装形成染色质。每个细胞中整套染色体（人类为23对）的DNA包含两个基因组的拷贝，分别来自两个亲本。染色体通常位于细胞核中，只有当细胞进行分裂时，核膜结构解体，染色体浓缩形成可视的、分离的实体。

**复合杂合子**：两个可引起同一种疾病的不同的等位基因。

**CRISPR（规律性重复短回文序列簇）**：在细菌中发现的一种为抵御外界病毒而保留一些外来DNA片段的天然免疫机制。该系统也被称为CRISPR/Cas9，它代指整个基因编辑平台。Cas9是一种DNA切割酶（核酸酶），靶基因同源的RNA与Cas9（CRISPR相关蛋白9）结合，形成CRISPR/Cas9基因编辑体系的"工具包"。

**细胞培养**：在培养基中生存并可继续增殖的细胞。

***De novo***：源自拉丁语，意为“新”。本书中是指在胚胎中产生的突变，而这种突变不是来自亲本。

**脱氧核糖核酸（DNA）**：双链结构，呈双螺旋排列，是已知各类生命体中，存储发育、运转和繁殖等遗传信息的物质。

**DNA断裂**：使DNA双链断裂的过程。

**二倍体**：包含来自父母双方各一半的整套DNA的细胞。人类的二倍体细胞含有46条染色体（23对）。

**DNA测序**：检测DNA分子中碱基（A、C、G和T）序列的实验室技术。DNA碱基序列携带着细胞组装蛋白质和RNA分子所需的信息。DNA序列信息在基因功能的研究中非常重要。

**显性**：一种基因或性状的遗传模式，在二倍体细胞中，特定等位基因（基因变体）的单一拷贝赋予其二倍体细胞的功能与该基因的第二个拷贝的性质无关。

**双链断裂（DSB）**：DNA双螺旋结构中两条链都被切断的断裂，与单链断裂或“缺刻”不同。

**编辑**：由于使用基因组编辑工具（如核酸酶、修复模板）而导致的基因组DNA序列的改变（如插入、删除、替换）。

**胚胎**：动物生长和发育的早期阶段，其特征是卵裂（受精卵的细胞分裂）、基本细胞类型和组织的分化，以及原始器官和器官系统的形成。对人类来说，该阶段从受精后一直延续到受孕后第8周结束，渡过这一阶段之后，它被称为胎儿。

**胚胎干（ES）细胞**：来自胚胎的原始（未分化）细胞，具有分化成多种特化细胞（即多能性）的潜力。它分离培养自囊胚的内细胞团。胚胎干细胞不等于胚胎，它无法自行分化出一个完整个体所需要的细胞，如滋养外胚层细胞。胚胎干细胞可以在特定的培养基中维持其多能性，并可被诱导分化成许多不同类型的细胞。

**增强**：提高某个状态或性状使其超出典型或正常水平。

**表观遗传效应**：在不改变基因的DNA序列的情况下，通过改变DNA的化学结构或者DNA有关的蛋白质，使基因表达发生变化。例如，在称为基因组印记的表观遗传效应中，甲基分子附着在DNA上，并根据亲本来源改变基因表达。

**表观基因组**：一系列可影响基因是否表达及如何表达，在基因组DNA和DNA结合蛋白上的化学修饰。

**配子**：生殖细胞（卵子或精子）。配子是单倍体（染色体数量仅为体细胞中染色体数量的一半，对人类来说是23条），当两个配子在受精时结合，所得的单细胞胚胎（合子）具有全部数目的染色体（人类为46条）。

**基因**：遗传信息的功能单元，对应于染色体上特定位点的DNA区段。基因通常指导某个蛋白质或RNA分子的形成。

**基因表达：**由基因编码合成RNA和蛋白质的过程。基因表达由与基因组或其RNA拷贝结合的蛋白质和RNA分子控制，调节其生成水平和其产物水平。基因表达的改变会改变细胞、组织、器官或整个个体功能，并可能带来与特定基因相关的可观察特征的改变。

**基因治疗：**以改善疾病为目的，将外源基因引入细胞，也被称为基因导入治疗。

**遗传变异：**人与人之间DNA序列的差异。

**基因组：**一个生物体拥有的完整DNA组序列。人类基因组由23对同源染色体组成，包含将近60亿碱基对。

**基因组编辑：**通过引入DNA断裂或其他DNA修饰来改变基因组序列的过程。

**全基因组关联分析：**科学家研究人类疾病相关基因的一种方法。全基因组相关分析会搜寻基因组中细小的变异，称为单核苷酸多态性（single-nucleotide polymorphisms，SNPs，与"snips"发音一样），在有某些特定疾病的人群中出现的概率更大。每次分析可以同时研究成百上千个SNPs。研究人员利用这些数据来确定可能导致某个人患某种疾病的概率。

**基因组学：**对生物或组织样品的染色体中所有核苷酸序列的研究，包括结构基因、调控序列和非编码DNA片段。

**基因型：**单个生物体或细胞的遗传构成。

**生殖细胞：**精子或卵细胞。

**生殖系细胞：**在细胞谱系中可产生生殖细胞的细胞（见上文）。生殖系就是这种细胞谱系。在有性生殖过程中，卵细胞和精子融合形成胚胎，种系得以繁衍下一代。

**指导RNA（gRNA）：**在CRISPR体系中，它是与Cas蛋白结合形成切割DNA复合物的小RNA。gRNA包含约20个用于识别切割靶点的碱基序列。

**单倍体：**指只有成对染色体的其中一组染色体的细胞，通常是配子或其直接前体（人类的单倍体细胞具有23条染色体）。与之相反，体细胞是二倍体，具有两组染色体（人类为46条）。

**可遗传的基因改变：**可以代代相传的基因修饰。尽管可以使用编辑试剂对生殖系细胞进行可遗传的人类基因组编辑，但并非所有此类编辑都能被遗传。实验室研究与在临床环境中进行基因改变以建立妊娠之间是有区别的。

**杂合子：**细胞或生物体的两条同源染色体上，特定基因（等位基因）包含两种不同突变体。

**同源的：**具有相同遗传序列的（基因）。

**同源重组：**两条相似的DNA分子发生重组，包括基因打靶产生特定基因改变的过程。

**同源定向修复（HDR）：**DNA 断裂自然修复的过程，其依赖于与断裂 DNA 片段具有同源性的 DNA“模板”。该过程通常发生在 DNA 合成过程中或之后，以彼此作为模板。

**纯合子：**细胞或生物体的两条同源染色体上，特定基因（等位基因）包含相同的突变体。

**人类受精与胚胎学管理局（HFEA）：**英国负责监督生殖细胞和胚胎在生育治疗与研究中的使用的独立监管机构。该机构运行及维护《人类受精与胚胎学法案》。

**植入（着床）：**胚胎附着到子宫内膜的过程（典型怀孕案例中，发生于受精后 7 ～ 14 天）。

**体外（*In vitro*）：**源于拉丁语，意为“在玻璃器皿中”，指在实验室器皿或试管中，或是在人工环境中进行的步骤。

**体外受精（IVF）：**一种辅助生殖技术，其受精过程在体外完成。

**体内（*In vivo*）：**源于拉丁语，意为“在活体中”，指在自然环境中，通常是在受试者体内进行的步骤。

**插入缺失突变：**插入或删除 DNA 序列引起的序列改变。

**诱导多能干细胞（iPSC）：**通过导入或激活赋予细胞多能性及类干细胞特征的基因而获得的一类细胞。例如，已分化的细胞（如皮肤细胞），可以被诱导成具有多能性的细胞。在再生医学领域，由于将诱导多能干细胞（iPSC）移植回供体后发生免疫排斥反应的风险更小，此类细胞颇具应用价值。

**机构审查委员会（IRB）：**在研究机构（如医院或大学）中，为保障该机构资助的人类研究项目中所招募受试者的基本权益和福利而设立的行政机构。IRB 有权根据联邦法规及地方机构政策，批准、要求更改或否决在其管辖范围内的研究活动。

**目的性编辑：**应用基因编辑组件（如核酸酶、修复模板），有计划、有目的地改变基因组特定位置的 DNA 序列。

**体外配子发生（IVG）：**利用干细胞获得雄性或雌性配子的方法。

**（基因）位点：**基因在染色体上的位置。

**线粒体：**人类细胞中存在的小细胞器结构，是进行重要的代谢功能（包括能量产生）的位置。

**线粒体 DNA（mtDNA）：**线粒体内包含的遗传物质。

**线粒体置换技术（MRT）：**能够减少母系异常线粒体 DNA 遗传的治疗手段，从而避免孩子及其后代患有线粒体疾病。

**单基因疾病：**由单个遗传位点突变引起的疾病。基因位点可存在常染色体或性染色体上，并且可能以显性或隐性模式出现。单基因疾病也被称为孟德尔疾病。

**镶嵌：**细胞之间有差异，使得细胞不完全相同，如一个仅部分细胞被编辑的胚胎。

**突变：**DNA 序列的变化。突变可以在细胞分裂过程中自发发生，也可以由环境压力触发，如光照、辐射和化学物质。

**非同源末端连接（NHEJ）：**一种自然修复过程，用于将断裂的 DNA 链的两端重新连接在一起。非同源末端连接易发生错误，导致短片段（通常是 2 ～ 4 个 DNA 碱基对）的插入或缺失突变。

**核酸酶：**可以切割 DNA 或 RNA 链的酶。

**脱靶事件（或脱靶编辑）：**基因组编辑核酸酶在其靶向位置之外发生的 DNA 序列改变。发生这种情况是因为脱靶序列与预期靶序列相似但不相同。

**目标事件（或目标编辑）：**在基因组中指定目标位置处的 DNA 编辑。

**卵母细胞：**发育中的卵子；通常是一个较大的静止细胞。

**致病变异：**增加个体对某种疾病或病症的易感性或易发性的遗传变化。

**外显率：**具有特定遗传变化（如特定基因的突变）并表现出遗传病迹象和症状的人群比例。如果某些携带突变的人没有发展出该疾病的特征，则称该病的外显率降低或不完全。

**表型：**受基因型和环境因素影响的生物体的可观察特性。

**多基因遗传：**由两个或多个基因控制发生的遗传模式。

**植入前遗传学检测（PGT）：**包括检查早期胚胎的基因或染色体是否有特定的遗传条件。PGT 是在 8 细胞或囊胚期从胚胎中取出单个细胞或少量细胞，通过灵敏的方法（如聚合酶链反应）分离 DNA 并进行基因分型。

**前核：**指在受精前或刚刚受精但精子与卵核尚未融合成单个二倍体核之前，精子或卵子的单倍体核。

**隐性：**在二倍体细胞或有机体中，隐性等位基因的表达效果被另一等位基因的表达效果所掩盖，另一等位基因就称为显性基因。

**重组 DNA：**重组 DNA 分子由人工修饰或接合的 DNA 序列所组成，其不同于天然存在的遗传物质。

**修复模板：**用于指导胞内 DNA 损伤修复通路定位 DNA 损伤位点处或靶点的核酸序列。

**核糖核酸（RNA）：**一种能够传递和调控 DNA 中包含的遗传信息，指导所有已知生物生长发育、行使功能和繁殖的单链分子。

**性染色体：**参与性别的决定的一种染色体。人类和其他大多数哺乳动物都具有两种性染色体：X 染色体和 Y 染色体。雌性个体的每个细胞中含有两条 X 染色体，而雄性个体的每个细胞中含有一条 X 染色体和一条 Y 染色体。

**单核苷酸多态性（SNP）：**由单个核苷酸的嘌呤或嘧啶碱基被其他碱基取代所引起的DNA序列多态性。

**体细胞：**除生殖细胞或其前体以外的任何植物细胞或动物细胞。在拉丁语中，“soma”表示“躯体”。

**精原干细胞（SSC）：**具有自我复制功能的精子前体细胞。

**靶序列：**将要进行结合、修饰或切割的目标核酸序列。靶标部位的改变既可以是“期望的事件”，也可以是“非期望事件”。后者的产生通常是由于非同源末端连接（NHEJ）介导的DNA损伤修复所致。

**转录：**以基因或其他DNA序列为模板复制出RNA的过程。转录是基因表达的第一步。

**转录激活因子样效应物核酸酶（TALEN）：**一种由转录激活因子样效应子（TALE）的DNA结合域与脱氧核糖核酸内切酶融合而成的人工核酸酶，它可在TALE识别序列的一定距离处切割DNA。例如，一对TALE-FokI融合蛋白，需要在其切割位点相邻的反义DNA链处形成二聚体，才能进行切割。

**翻译：**基于信使RNA（mRNA）的信息形成蛋白质分子的过程。这是在基因表达过程中，转录（从DNA中复制出RNA）后的步骤。

**转化途径（临床）：**一项新技术从基础研究到临床使用所需要经历的一系列步骤。

**三核胚：**由两个精子受精的卵细胞，因而所得到的胚胎无法发育成胎儿。

**滋养外胚层：**位于发育中的囊胚的外层，最终将形成胎盘的胚胎侧。

**错误编辑：**在基因组编辑工具（如核酸酶、修复模板）的使用过程中，基因组上的非靶向序列发生突变。

**变体：**与野生型基因存在差异的基因类型。变体可能拥有不同的功能，对个体的生存产生有利、有害或中性影响。

**载体：**基因转移到新位点所使用的媒介物（类似于以昆虫作为媒介物，将病毒或寄生虫转移到新动物宿主中）。在分子细胞生物学和基因工程中使用的载体包括质粒和改造过的病毒，载体能够将目标基因转移到靶细胞中，并进行表达。临床应用中普遍使用的病毒载体包括逆转录病毒、慢病毒、腺病毒和腺相关病毒。

**全基因组测序（WGS）：**测定单一时间点生物体基因组完整DNA序列的实验方法。

**X连锁疾病：**由X染色体上的基因突变引发的疾病。该表型出现在雄性以及基因突变纯合的雌性中。只有一个突变基因拷贝的雌性被称为携带者。

**锌指核酸酶（ZFN）：**一类经过工程改造的酶，包括DNA结合结构域和DNA内切酶，可以用作基因组编辑工具。

**合子：**由父母配子——卵子和精子结合而成的单个受精细胞。

# REFERENCES

Human Fertilisation and Embryology Authority (HFEA). 2014. *Third Scientific Review of the Safety and Efficacy of Methods to Avoid Mitochondrial Disease through Assisted Conception: 2014 Update*.

NASEM (National Academies of Sciences, Engineering,and Medicine). 2017a. *Human Genome Editing: Science, Ethics, and Governance*. Washington,DC: The National Academies Press.

NASEM. 2017b. *An Evidence Framework for Genetic Testing*. Washington, DC: The National Academies Press.

National Cancer Institute. NCI Dictionary of Genetics Terms. Available at https://www.cancer.gov/publications/dictionaries/genetics-dictionary；accessed July 24,2020.

National Human Genome Research Institute. Talking Glossary of Genetic Terms. Available at https://www.genome.gov/genetics-glossary；accessed July 24,2020.

National Institute of Standards and Technology. Genome Editing Consortium Lexicon. ISO/CD 5058-1 Biotechnology. Genome Editing. Part 1: Terminology (in development). https://www.iso.org/standard/80679.html.

# 附录D 缩 略 词

| | |
|---|---|
| AG-haESC | Androgenetic haploid embryonic stem cell<br>孤雄单倍体胚胎干细胞 |
| AIDS | Acquired immune deficiency syndrome<br>获得性免疫缺陷综合征 |
| APHIS | Animal and Plant Health Inspection Service<br>动植物卫生检验局 |
| ART | Assisted reproductive technologies<br>辅助生殖技术 |
| CAR-T cell | Chimeric antigen receptor T cell<br>嵌合抗原受体 T 细胞 |
| Cas | CRISPR associated protein<br>CRISPR 相关蛋白 |
| Cas9 | CRISPR associated protein 9<br>CRISPR 相关蛋白 9 |
| CF | Cystic fibrosis<br>囊性纤维化 |
| CRISPR | Clustered regularly-interspaced short palindromic repeats<br>规律性重复短回文序列簇 |
| DNA | Deoxyribonucleic acid<br>脱氧核糖核酸 |
| ES cell | Embryonic stem cell<br>胚胎干细胞 |
| ESHRE | European Society of Human Reproduction and Embryology<br>欧洲人类生殖与胚胎学学会 |
| FDA | Food and Drugs Administration<br>食品药品监督管理局 |
| FH | Familial Hypercholesterolemia<br>家族性高胆固醇血症 |
| GCP | Good clinical practice<br>药物临床试验质量管理规范 |

| | |
|---|---|
| gRNA | Guide ribonucleic acid<br>指导 RNA |
| GWAS | Genome wide association study<br>全基因组关联研究 |
| HDR | Homology directed repair<br>同源定向修复 |
| HFEA | Human Fertility and Embryology Authority<br>人类受精与胚胎学管理局 |
| HHGE | Heritable human genome editing<br>可遗传人类基因组编辑 |
| HIV | Human immunodeficiency syndrome<br>人类免疫缺陷综合征 |
| hPGCLC | Human primordial germ-like cell<br>人原始生殖样细胞 |
| ICM | Inner cell mass<br>内细胞团 |
| ICSI | Intracytoplasmic sperm injection<br>胞浆内精子注射 |
| IFFS | International Federation of Fertility Societies<br>国际生育联合会 |
| iPS cell | Induced pluripotent stem cell<br>诱导多能干细胞 |
| ISAP | International Scientific Advisory Panel<br>国际科学咨询小组 |
| IVF | *In vitro* fertilization<br>体外受精 |
| IVG | *In vitro* gametogenesis<br>体外配子发生 |
| LDL | Low-density lipoprotein<br>低密度脂蛋白 |
| MⅡ | Metaphase Ⅱ<br>中期Ⅱ |
| MRT | Mitochondrial replacement techniques<br>线粒体置换技术 |

| | |
|---|---|
| MST | Maternal spindle transfer<br>母源纺锤体转移 |
| mtDNA | Mitochondrial DNA<br>线粒体 DNA |
| NGS | Next generation sequencing<br>二代测序 |
| NHEJ | Non-homologous end joining<br>非同源末端连接 |
| ntES cell | Nuclear transfer embryonic stem cell<br>核移植胚胎干细胞 |
| OHSS | Ovarian hyperstimulation syndrome<br>卵巢过度刺激综合征 |
| PAM | Protospacer adjacent motif<br>前间隔序列邻近基序 |
| PB | Polar body<br>极体 |
| PCR | Polymerase chain reaction<br>聚合酶链反应 |
| PGC | Primordial germ cell<br>原始生殖细胞 |
| PGCLC | Primordial germ-like cell<br>原始生殖样细胞 |
| PGT | Preimplantation genetic testing<br>植入前遗传学检测 |
| PNT | Pronuclear transfer<br>原核转移 |
| SCD | Sickle cell disease<br>镰状细胞贫血 |
| SNP | Single nucleotide polymorphism<br>单核苷酸多态性 |
| SNV | Single nucleotide variants<br>单核苷酸变体 |
| SSC | Spermatagonial stem cells<br>精原干细胞 |

TALEN Transcription activator-like effector nuclease
转录激活因子样效应物核酸酶

WGS Whole-genome sequencing
全基因组测序

WHO World Health Organization
世界卫生组织

ZFN Zinc finger nuclease
锌指核酸酶

# 评阅致谢

本报告草稿的审阅人，是根据他们所持有的不同观点和技术专长来选择的。进行独立审查的目的是为了获得坦率的、批判性的意见，以使本报告的发表内容尽可能合理，并确保报告符合制度标准的客观性、证据性，同时能如实反映研究目的。为保护审议过程的完整性，审议意见和初稿保密。我们感谢以下专家对本报告的审阅：

**索尼娅·阿卜杜勒哈克姆（Sonia Abdelhakm）**，突尼斯巴斯德研究所（突尼斯）
**露丝·查德威克（Ruth Chadwick）**，卡迪夫大学（英国）
**帕特·克拉克（Pat Clarke）**，欧洲残疾人论坛（欧盟）
**贝恩德·甘斯巴赫 Bernd Gänsbacher**，慕尼黑工业大学（德国）
**穆罕默德·加利（Mohammed Ghaly）**，哈马德·本·哈利法大学（卡塔尔）
**玛丽·赫伯特（Mary Herbert）**，纽卡斯尔大学（英国）
**鲁道夫·杰尼希（Rudolf Jaenisch）**，麻省理工学院（美国）
**加藤和藤（Kazuto Kato）**，大阪大学（日本）
**蒂姆·莱文斯（Tim Lewens）**，剑桥大学（英国）
**约翰·林（John Lim）**，杜克大学新加坡国立大学（新加坡）
**戴维·刘（David Liu）**，麻省理工学院和哈佛大学（美国）
**丹尼斯·罗（Dennis Lo）**，中国香港大学（香港）
**罗宾·洛维尔-巴杰（Robin Lovell-Badge）**，弗朗西斯·克里克研究所（英国）
**路易吉·纳尔迪尼（Luigi Naldini）**，Vita-Salute San Raffaele University (Italy)
**凯西·尼亚坎（Kathy Niakan）**，弗朗西斯·克里克研究所（英国）
**凯莉·奥蒙德（Kelly Ormond）**，斯坦福大学（美国）
**莎伦·特里（Sharon Terry）**，遗传联盟（美国）

尽管上述审查人员提出了许多建设性意见和建议，但他们没有被要求认可这些结论或建议，也没有看到报告发表前的最后草稿。该报告的审阅过程由墨尔本大学（澳大利亚）Suzanne Cory 和盖尔德纳基金会（加拿大）Janet Rossant 监督。他们代表研究报告的国际监督委员会，负责确保按照机构程序对本报告进行独立审查，并认真考虑所有审查意见。本报告的最终内容完全由编写委员会和各机构负责。